TESES
DA FÍSICA CLASSICA
E
MODERNA

Leandro Bertoldo

*Dedico este trabalho à minha amada esposa,
Daisy Menezes, e à minha querida filha,
Beatriz Maciel, as quais tornaram
a minha vida plena de sentido.*

*Também dedico este trabalho aos meus queridos pais,
José Bertoldo Sobrinho e Anita Leandro Bezerra,
pela oportunidade de vida que me dedicaram
com amor.*

*O erro não pode subsistir por si mesmo,
e se extinguiria de pronto, não se apegasse como parasita à
árvore da verdade.*

Ellen Gould White
Escritora, conferencista, conselheira
e educadora norte-americana.
(1827-1915)

AO LEITOR

Esta obra tem por objetivo apresentar ao publico ledor algumas das teses científicas desenvolvidas pelo autor em sua juventude e também introduzir novas idéias no campo das ciências exatas. A maioria das teses que foram reunidas neste volume representa uma pequena parcela das pesquisas científicas produzidas pelo autor entre os anos de 1978 a 1984. Sendo que os textos originais, praticamente, são os mesmos.

Neste volume o leitor encontrará teses abordando os mais diversos temas da Física Clássica e Moderna, tais como Relatividade, Mecânica Quântica, Modelo Nuclear, Modelo Atômico, Eletrodinâmica, Geomagnetismo, Termodinâmica, Mecânica Clássica, Dinamismo, Cosmologia e Luminosidade.

As teses apresentadas nesta obra foram confeccionadas em texto simples, todavia preciso. Sendo que o autor teve o extremo cuidado de empregar uma linguagem técnica, clara e concisa, sempre procurando evitar que as idéias e os raciocínios expostos ficassem obscuros.

Na época em que escreveu suas teses, o autor tinha o propósito de analisar cuidadosamente cada assunto, interpretar cada resultado e ampliar cada um de seus artigos. Todavia, vários anos já se passaram desde a produção dessas teses, e agora o autor se vê extremamente ocupado com outras tantas atividades e não encontra tempo ou ânimo para dar a devida atenção a essas coisas. E, como perdeu totalmente o interesse em dar cabo à sua intenção original, resolveu publicar suas idéias, na esperança de que uma pesquisa adicional seja realizada por outros mais perspicazes. Por essa razão o autor será eternamente grato aos leitores que se disponham a apontar vícios e equívocos ocorridos no texto, ou então trazer por qualquer meio a sua contribuição crítica ou sugestões, as quais serão consideradas com o devido cuidado numa eventual reedição.

Do tedioso trabalho de digitação desincumbiu-se, com esmerado esforço e dedicação, Beatriz Maciel, a ela, o profundo agradecimento do autor.

Leandro Bertoldo

SUMÁRIO

TESE I

MECÂNICA QUÂNTICA RELATIVISTICA ONDULATÓRIA

01. INTRODUÇÃO

Em 1927, o grande físico inglês, Paul Dirac (1902-1984) desenvolveu uma teoria geral que se tornou conhecida por "Mecânica Quântica Relativística de Dirac". Tal mecânica é uma combinação da "Teoria da Relatividade" de Albert Einstein (1879-1955) e da "Mecânica Quântica", desenvolvida por volta de 1925 a 1926 por Werner Heisenberg (1901-1976), Erwin Schrödinger (1897-1961), Niels Bohr (1885-1962), Louis de Broglie (1892-1987) e outros.

A "Mecânica Quântica Relativística de Dirac" lida com corpúsculos que apresentam pequena massa e alta velocidade. Já a "Mecânica Quântica Relativística Ondulatória" desenvolvida e apresentada pelo autor no presente artigo relaciona os conceitos relativísticos com os conceitos ondulatórios dos corpúsculos. Assim, ela lida com a relatividade das ondas de matéria em relação à relatividade das partículas de matéria.

02. POSTULADOS DE EINSTEIN

A extraordinária "Teoria da Relatividade Especial" foi publicada em 1905 por Albert Einstein. Tal teoria discute vários fenômenos físicos que envolvem sistemas de referência em movimento retilíneo e uniforme, em relação a qualquer outro referencial.

O primeiro postulado de Einstein é enunciado nos seguintes termos:

I - *As leis da Física são idênticas em sistemas de referência, em movimento retilíneo e uniforme, uns em relação aos outros.*

Portanto torna-se claro que não é possível determinar se um sistema está em repouso ou se desloca em movimento retilíneo e uniforme em relação a um sistema inercial de referência arbitrário.

O segundo postulado de Einstein é enunciado nos seguintes termos:

II - *A velocidade da luz é uma constante universal.*

Isto significa que a velocidade da luz sempre apresenta o mesmo valor para todo e qualquer observador situado em referencial inercial, não importando qual possa ser o movimento da fonte.

03. CONTRAÇÃO DO COMPRIMENTO

O comprimento (L) de uma barra, medido no referencial (x), é menor que o comprimento (L_0) da mesma barra, medido no referencial (x_0), animado com uma velocidade (v) em relação ao referencial (x).

A equação de Einstein que exprime a contração do comprimento de um corpo em movimento é caracterizada por:

$$L = (\sqrt{1 - v^2/c^2}) \cdot L_0$$

04. DILATAÇÃO DO TEMPO

Os intervalos de tempos são afetados pela relatividade de Einstein. Se (Δt_0) consiste no intervalo de tempo medido em relação a um sistema de referência em repouso em relação a um referencial inercial e (Δt) é o intervalo de tempo, medido em um referencial que se desloca com velocidade (v) em relação ao referencial em repouso, segundo Einstein existe a seguinte relação:

$$\Delta t = \Delta t_0/(\sqrt{1 - v^2/c^2})$$

05. MASSA RELATIVISTICA

Seja (m_0) a massa de repouso de um corpo. Massa medida em relação a um sistema de referência em repouso em relação a um referencial inercial, e seja (m) a massa do mesmo corpo, medida num referencial que se desloca com uma velocidade (v) em relação ao referencial em repouso. Logo, de acordo com Einstein, existe a seguinte relação:

$$m = m_0/(\sqrt{1 - v^2/c^2})$$

06. ENERGIA RELATIVISTICA

Uma das grandes conseqüências da Teoria da Relatividade Especial de Einstein é a descoberta de que massa é uma forma de energia. Sendo que a conversão de matéria em energia é expressa pela seguinte equação de Einstein:

$$W = m \cdot c^2$$

Essa equação estabelece que a energia total (**W**) de um corpo caracterizado por uma massa (**m**) é igual o produto de sua massa pelo quadrado da velocidade da luz. Observe que (**W**) é a energia total do corpo para um observador que mediu a massa (**m**). Entretanto se o corpo está em repouso relativamente ao observador, a massa do corpo é a chamada massa de repouso (**m₀**). Nestas condições sua energia é expressa por:

$$W_0 = m_0 \cdot c^2$$

Onde a letra (**W₀**) representa a denomina "energia de repouso" do corpo.

Se (**W**) caracteriza a energia total do corpo e (**W₀**) caracteriza sua energia de repouso, decorre que a energia cinética (**W_c**) será expressa por:

$$W_c = W - W_0$$

Ou seja:

$$W_c = m \cdot c^2 - m_0 \cdot c^2$$

Logo, considerando que: $m = m_0/(\sqrt{1 - v^2/c^2})$, vem que:

$$W_c = m_0 \cdot c^2 \cdot \{[1/(\sqrt{1 - v^2/c^2})] - 1\}$$

07. POSTULADO DE DE BROGLIE

Em 1924, o jovem físico francês, Louis De Broglie postulou a inusitada hipótese da existência de ondas de matéria.

A hipótese de De Broglie era fundamentada no seguinte raciocínio:

1º) Que o Universo é inteiramente constituído por radiação e matéria;

2º) Que a natureza é altamente simétrica em muitos aspectos;

3º) Embora o fóton tenha características corpusculares ele está associado a uma onda que governa seu movimento;

4º) Então é razoável supor que uma partícula elementar como, por exemplo, o elétron, tem associado a ela uma onda de matéria que governa seu movimento.

Para expressar a sua hipótese em termos matemáticos, De Broglie expressou o comprimento de onda (λ) de uma partícula em função de sua quantidade de movimento (**Q**).

A Física Clássica define a quantidade de movimento de um corpúsculo como sendo igual à sua massa em produto com a sua velocidade.

Simbolicamente, o referido enunciado é expresso por:

$$Q = m \cdot v$$

Sabe-se, pela Teoria da Relatividade, que a relação massa-energia é expressa por:

$$W = m \cdot c^2$$

Logo, a massa associada a uma partícula elementar na velocidade da luz é expressa por:

$$m = W/c^2$$

Então, pode-se escrever que:

$$Q = m \cdot v$$

Eliminando os termos em evidência, resulta que:

$$Q = m \cdot c$$

$$Q = W/c^2 \cdot c$$

Eliminando os termos evidência, resulta que:

$$Q = W/c$$

Porém, a Mecânica Quântica mostra que a energia é expressa por:

$$W = h \cdot f$$

Substituindo convenientemente as duas últimas expressões, obtém-se que:

$$Q = h \cdot f/c$$

Porém, como a velocidade de propagação de uma onda é expressa por:

$$c = \lambda \cdot f$$

Logo, substituindo convenientemente as duas últimas expressões resulta que:

$$Q = h \cdot f/\lambda \cdot f$$

Eliminando os termos em evidência, obtém-se que:

$$Q = h/\lambda$$

Assim, pode-se concluir que a quantidade de movimento de um corpúsculo é igual ao quociente da conhecida constante de Planck, inversa pelo comprimento de onda.

A referida expressão relaciona uma grandeza física de característica ondulatória (λ) com uma grandeza física de característica de partícula (Q) dentro de um processo quântico.

Evidentemente, a relação de De Broglie é compatível com a equação clássica que expressa a quantidade de movimento de um corpo como sendo igual à sua massa em produto com a sua velocidade.

Simbolicamente, o referido enunciado é expresso por:

$$Q = m \cdot v$$

Igualando convenientemente as duas últimas expressões, vem que:

$$m \cdot v = h/\lambda$$

08. *AS PARTÍCULAS ELEMENTARES E A VELOCIDADE*

A teoria da relatividade de Einstein prevê que a massa de uma partícula elementar é igual ao quociente da energia e inversa pelo quadrado da velocidade da luz.

Simbolicamente, o referido enunciado é expresso pela seguinte relação:

$$m = W/c^2$$

Porém, a energia de um corpúsculo em movimento é expressa por:

$$W = h \cdot f$$

Substituindo convenientemente as duas últimas expressões, vem que:

$$m = h \cdot f/c^2$$

Logo, pode-se afirmar que a massa de um corpúsculo que se desloca com velocidade próxima à da luz é igual ao valor da famosa constante de Planck em produto com a freqüência e inversa pelo quadrado da velocidade da luz.

Porém, o quociente entre a constante de Planck e o quadrado da velocidade da luz resulta em uma constante genérica.

Esse resultado permite escrever simbolicamente que:

$$k = h/c^2$$

Desse modo, substituindo convenientemente as duas últimas expressões, vem que:

$$m = k \cdot f$$

Ou seja:

$$k = m/f$$

Ora! De acordo com Einstein a massa é uma grandeza relativistica que varia com a velocidade em conformidade com a seguinte equação:

$$m = m_0/(\sqrt{1 - v^2/c^2})$$

Então, considerando a equação:

$$k = m/f$$

Pode-se afirmar que:
Quando uma partícula alcança uma velocidade próxima à da luz sua freqüência obrigatoriamente tende a aumentar para poder manter a constante (k) invariável, visto que a massa aumenta conforme prevê a equação de Einstein.

Logo, pode-se afirmar categoricamente que corpúsculos que se deslocam com velocidades relativísticas, apresentam grandezas ondulatórias varáveis; ou seja, apresentam o fenômeno denominado por "relativismo ondulatório".

09. COMPRIMENTO DE ONDA RELATIVISTICO

Propondo que o comprimento de onda (λ) de uma partícula elementar, medido no referencial (**x**), é menor que o comprimento de onda (λ_0) da mesma partícula elementar, medido no referencial (**x**$_0$), animada de velocidade (**v**) em relação a (**x**).

Denominei a referida propriedade por "contração do comprimento de onda" ou "comprimento de onda de Leandro".

A Teoria da Relatividade Restrita de Einstein permite demonstrar que a quantidade de movimento de uma partícula que se move com velocidade (**v**), relativamente a um observador, deve ser expressa por:

$$Q = m \cdot v = m_0 \cdot v/(\sqrt{1 - v^2/c^2})$$

Se, (**Q**$_0$) é a quantidade de movimento de uma partícula, medida em relação a um sistema de referência em repouso em relação a um referencial inercial, e (**Q**) é a quantidade de movimento do mesmo corpúsculo, medido num referencial que se desloca com a velocidade (**v**) em relação ao referencial em repouso, segundo a Teoria da Relatividade Restrita, existe a seguinte relação:

$$Q = Q_0/(\sqrt{1 - v^2/c^2}) = m_0 \cdot v/(\sqrt{1 - v^2/c^2})$$

De acordo com o físico francês De Broglie, a quantidade de movimento de um corpúsculo é igual ao quociente da constante de Planck inversa pelo comprimento de onda.

Simbolicamente, o referido enunciado é expresso pela seguinte relação:

$$Q = h/\lambda$$

Logicamente, fundamentado nos dados anteriores, pode-se afirmar o seguinte:

a) $Q = h/\lambda$
b) $Q_0 = h/\lambda_0$

Então, se (h/λ_0) é a quantidade de movimento de um corpúsculo; quantidade de movimento medido em relação a um sistema de referência em repouso em relação a um referencial inercial e (h/λ) é a quantidade de movimento de mesmo corpúsculo, medido em um referencial que se desloca com velocidade (v) em relação ao referencial em repouso, segundo o que proponho, existe a seguinte relação:

$$Q = Q_0/(\sqrt{1 - v^2/c^2})$$

$$h/\lambda = h/\lambda_0/(\sqrt{1 - v^2/c^2})$$

Portanto, pode-se escrever que:

$$h/\lambda = h/[\lambda_0 . (\sqrt{1 - v^2/c^2})]$$

Eliminando os termos em evidência resulta na seguinte:

$$1/\lambda = 1/[\lambda_0 . (\sqrt{1 - v^2/c^2})]$$

Desse modo, pode-se concluir que:

$$\lambda = \lambda_0 . (\sqrt{1 - v^2/c^2})$$

A referida expressão é denominada por equação de onda relativística. Como se sabe o fator ($\sqrt{1 - v^2/c^2}$) é menor do que "um", portanto tem-se uma clara situação, na qual o comprimento de onda (λ) é menor do que (λ_0). Isto simplesmente implica que um observador que estuda um corpúsculo em movimento de alta velocidade, mede um comprimento de onda menor do que um outro observador que estuda o corpúsculo numa velocidade clássica.

10. PERÍODO RELATIVISTICO

Chamarei por (**T**) o período de onda de um corpúsculo medido em um referencial (**x**), em relação ao qual ele está dinamicamente inerte. Vou considerar (**T₀**), o período de onda do corpúsculo no referencial (**x₀**).

Neste referencial o corpúsculo se desloca em uma direção paralela ao seu próprio comprimento de onda.

Como a velocidade de (x_0) em relação a (x) é (v) a velocidade de (x) e também do corpúsculo em relação a (x_0) deve ser exatamente (-v). Pois se assim não fosse, existiria uma assimetria inerente entre os dois referenciais, o que não é possível pelo postulado de Albert Einstein.

Seja (λ_0), o comprimento de onda corpuscular. Este comprimento de onda está relacionado com o período (T_0) de onda do corpúsculo medido no referencial (x_0), e com o módulo (v) de sua velocidade medida neste referencial, pela seguinte equação:

$$\lambda_0 = v \cdot T_0$$

Também se pode estabelecer uma equação relacionando as grandezas correspondentes medidas no referencial (x). Neste referencial, o corpúsculo se desloca com velocidade de modulo (v), com um comprimento de onda (λ) em um período (T). Desse modo, pode-se escrever simbolicamente que:

$$\lambda = v \cdot T$$

Dividindo membro a membro das duas últimas equações, obtém-se que:

$$\lambda / \lambda_0 = v \cdot T / v \cdot T_0$$

que: Eliminando os termos em evidência, resulta

$$\lambda/\lambda_0 = T/T_0$$

Porém, demonstrei a realidade da seguinte equação:

$$\lambda/\lambda_0 = (\sqrt{1 - v^2/c^2})$$

Igualando convenientemente as duas últimas relações, resulta, que:

$$T/T_0 = (\sqrt{1 - v^2/c^2})$$

Logo, pode-se escrever que:

$$T = T_0 . (\sqrt{1 - v^2/c^2})$$

A referida expressão também é denominada por equação do período.

Como o fator $(\sqrt{1 - v^2/c^2})$ é menor do que "um", tem-se uma situação na qual o período (T) é menor do que (T_0). Logo, um observador que estuda o corpúsculo em movimento de alta velocidade, mede um período de onda menor do que um outro observador que estuda o mesmo corpúsculo numa velocidade clássica.

11. CONFRONTO ENTRE A EQUAÇÃO DE EINSTEIN E DE PERÍODO

Neste artigo foi demonstrada a seguinte equação para o período de onda:

$$T = T_0 \cdot (\sqrt{1 - v^2/c^2})$$

Einstein demonstrou a seguinte equação temporal:

$$\Delta t = \Delta t_0/(\sqrt{1 - v^2/c^2})$$

É interessante observar que quando um corpúsculo alcança velocidades próximas à da luz seu período diminui, enquanto que o intervalo de tempo natural sofre uma dilatação.

Dividindo membro a membro entre as duas últimas expressões, resulta que:

$$T/\Delta t = [T_0 \cdot (\sqrt{1 - v^2/c^2})]/[\Delta t_0/(\sqrt{1 - v^2/c^2})]$$

Logo vem que:

$$T/\Delta t = [T_0 \cdot (\sqrt{1 - v^2/c^2}) \cdot (\sqrt{1 - v^2/c^2})]/[\Delta t_0]$$

Assim, conclui-se que:

$$T/\Delta t = T_0 \cdot (1 - v^2/c^2)/\Delta t_0$$

Pode-se escrever, ainda que:

$$T/T_0 = \Delta t/\Delta t_0 \cdot (1 - v^2/c^2)$$

Demonstrei que a relação entre o período está para a relação entre o comprimento de onda, logo:

$$T/T_0 = \lambda/\lambda_0$$

Desse modo, pode-se escrever que:

$$\lambda/\lambda_0 = \Delta t/\Delta t_0 \cdot (1 - v^2/c^2)$$

12. FREQÜÊNCIA RELATIVISTICA

Sabe-se pela Teoria da Relatividade Restrita que a relação massa-energia é expressa pela seguinte equação de Einstein: ($W = m \cdot c^2$) e, portanto, a massa corpuscular associada a uma partícula elementar, cuja a velocidade é relativística, vale:

$$m = W/c^2$$

Porém, como a energia, também pode ser expressa por:

$$W = h \cdot f$$

Então se obtém que:

$$m = h \cdot f/c^2$$

Observe que (**m**) é a massa total do corpúsculo para um observador, que mediu a freqüência (**f**); visto que a constante de Planck (**h**) e a velocidade da luz (**c**), são invariáveis e, portanto, constantes de caráter universal. Evidentemente se o corpúsculo encontra-se em repouso dinâmico, relativamente ao observador, a freqüência do corpúsculo é a freqüência de inércia (**f$_0$**), sendo que a massa:

$$m = h \cdot f_0/c^2$$

é denominada por "massa de repouso do corpúsculo". De acordo com Einstein a massa relativística total de um corpo é expressa pela seguinte equação:

$$m = m_0/(\sqrt{1 - v^2/c^2})$$

Substituindo convenientemente as três últimas expressões, obtém-se que:

$$h \cdot f/c^2 = (h \cdot f_0/c^2)/(\sqrt{1 - v^2/c^2})$$

Então, resulta que:

$$h \cdot f/c^2 = h \cdot f_0/ c^2 \cdot (\sqrt{1 - v^2/c^2})$$

Eliminando os termos em evidência, vem que:

$$f = f_0/(\sqrt{1 - v^2/c^2})$$

Tal relação é denominada por equação de freqüência. Evidentemente, (f_0) é a "freqüência de inércia" de um corpúsculo, freqüência medida em relação a um sistema de referência em repouso em relação a um referencial inercial, e (f) é a freqüência do mesmo corpúsculo, medido em um referencial em repouso.

Observe que o fator $(1/(\sqrt{1 - v^2/c^2})$ é maior do que "um"; então, evidentemente, decorre que a freqüência (f) é maior do que a freqüência (f_0). Logo conclui-se que o corpúsculo apresentará maior freqüência, quando em movimento relativo, do que, quando em "repouso", entendendo por tal repouso como sendo corpúsculos portadores de velocidades muito inferiores à velocidade da luz.

13. PERÍODO E FREQÜÊNCIA

A mecânica define o período como sendo igual ao inverso da freqüência.

Simbolicamente, o referido enunciado é expresso pela seguinte relação:

$$T = 1/f$$

Portanto, pode-se escrever que:

$$f = 1/T$$

Observe que (**f**) é a freqüência total de um corpúsculo para um observador que mediu o período (**T**).

Se o corpúsculo se encontra em repouso dinâmico relativamente ao observador, o período de onda de matéria é o período de inércia (**T₀**), sendo que a freqüência é expressa pela seguinte relação:

$$f_0 = 1/T_0$$

É denominada por freqüência de inércia da onda de matéria.

Demonstrei que a freqüência relativística total de uma onda de matéria é expressa pela seguinte relação:

$$f = f_0/(\sqrt{1 - v^2/c^2})$$

Substituindo convenientemente as duas últimas expressões obtém-se que:

$$f = (1/T_0)/(\sqrt{1 - v^2/c^2})$$

Logo, pode-se escrever que:

$$f = 1/T_0 . (\sqrt{1 - v^2/c^2})$$

A referida expressão caracteriza uma nova equação relativística de freqüência.

Sabe-se que a freqüência total de uma onda de matéria é expressa pela seguinte relação:

$$f = 1/T$$

Substituindo convenientemente as duas últimas relações, obtém-se que:

$$1/T = 1/T_0 . (\sqrt{1 - v^2/c^2})$$

Logo, pode-se escrever que:

$$T = T_0 . (\sqrt{1 - v^2/c^2})$$

Portanto, pelo referido desenvolvimento, tem-se uma nova maneira de deduzir a equação relativística para o período.

14. COMPRIMENTO DE ONDA E FREQÜÊNCIA

Demonstrei que a massa de um corpúsculo associado a uma onda de matéria é igual à famosa constante de Planck em produto com a freqüência, inversa pelo quadrado da velocidade da luz.

Simbolicamente, o referido enunciado é expresso pela seguinte relação:

$$m = h . f/c^2$$

Porém, sabe-se que a velocidade de uma onda ode ser expressa pela seguinte igualdade:

$$c = \lambda \cdot f$$

Substituindo convenientemente as duas últimas expressões, resulta que:

$$m = h \cdot f/c \cdot \lambda \cdot f$$

Eliminando os termos em evidência vem que:

$$m = h/c \cdot \lambda$$

Isso permite concluir que a massa de um corpúsculo associado a uma onda é igual ao quociente da constante de Planck, inversa pela velocidade da luz em produto com o comprimento de onda. Considerando que (**m**) seja a massa total do corpúsculo para um observador que mediu o comprimento de onda (λ). Se o corpúsculo encontra-se em repouso dinâmico relativamente ao observador, o comprimento de onda do corpúsculo é o comprimento de onda de inércia (λ_0), sendo que a massa:

$$m_0 = h/c \cdot \lambda_0$$

é denominada por "massa de repouso do corpúsculo".

Fundamentado na Teoria da Relatividade Especial de Einstein, pode-se escrever que:

$$m = m_0/(\sqrt{1 - v^2/c^2})$$

Substituindo convenientemente as duas últimas expressões, pode-se escrever o seguinte:

$$m = (h/c \cdot \lambda_0)/(\sqrt{1 - v^2/c^2})$$

Assim, vem que:

$$m = h/c \cdot \lambda_0 \cdot (\sqrt{1 - v^2/c^2})$$

A referida expressão representa simbolicamente uma nova equação de massa.

Afirmei que a massa total de um corpúsculo é caracterizada pela seguinte relação:

$$m = h/c \cdot \lambda$$

Substituindo convenientemente as duas últimas expressões, obtém-se que:

$$h/c \cdot \lambda = h/c \cdot \lambda_0 \cdot (\sqrt{1 - v^2/c^2})$$

Eliminando os termos em evidência, resulta que:

$$1/\lambda = 1/\lambda_0 \cdot (\sqrt{1 - v^2/c^2})$$

Portanto, pode-se escrever que:

$$\lambda = \lambda_0 \cdot (\sqrt{1 - v^2/c^2})$$

Desse modo demonstrei através de uma nova maneira a equação de onda relativística.

15. QUANTIDADE DE MOVIMENTO RELATIVISTICO ONDULATÓRIO

O grande físico francês De Broglie demonstrou que a quantidade de movimento de um corpúsculo é igual do quociente da chamada constante de Planck, inversa pelo comprimento de onda. Simbolicamente, o referido enunciado é expresso pela seguinte relação:

$$Q = h/\lambda$$

Evidentemente tal equação supõe que o comprimento de onda (λ) seja independente da massa do corpúsculo. Entretanto, é possível demonstrar em experiências com corpúsculo de energias altas, tais como elétrons e prótons acelerados por aceleradores modernos, ou encontrados em raios cósmicos que o resultado de tal hipótese não é válida.

Resulta dessas experiências que o comprimento de onda (λ) de um corpúsculo que se desloca com uma velocidade (**v**) relativamente a um observador é expressa pela seguinte igualdade:

$$\lambda = \lambda_0 \cdot (\sqrt{1 - v^2/c^2})$$

Onde o comprimento de onda (λ_0) é uma constante característica, de cada corpúsculo numa dada velocidade, denominado por "comprimento de onda de inércia".

Pode-se concluir facilmente que a quantidade de movimento (Q_0) de um corpúsculo medido em relação a um sistema de referência em repouso em relação a um referencial inercial é igual ao quociente da constante de Planck, inversa pelo comprimento de onda de inércia. Simbolicamente, o referido enunciado é expresso pela seguinte relação:

$$Q_0 = h/\lambda_0$$

Através da Relatividade Especial de Einstein, pode-se demonstrar a realidade da seguinte igualdade:

$$Q = Q_0/(\sqrt{1 - v^2/c^2})$$

Substituindo convenientemente as duas últimas equações que estudam a quantidade de movimento de um corpúsculo associado a uma onda, pode-se escrever que :

$$Q = (h/\lambda_0)/(\sqrt{1 - v^2/c^2})$$

Assim, vem que:

$$Q = h/\lambda_0 \cdot (\sqrt{1 - v^2/c^2})$$

A referida equação relativística ondulatória de movimento permite concluir que a quantidade de movimento relativístico é igual ao quociente da constante de Planck, inversa pelo comprimento de onda de inércia em produto com o coeficiente relativístico ($\sqrt{1 - v^2/c^2}$).

Para baixas velocidades ($v \ll c$), o coeficiente relativístico expresso por ($1/(\sqrt{1 - v^2/c^2})$ é aproximadamente igual a "um" e a referida expressão reduz-se à equação de De Broglie.

Evidentemente, esta nova definição de quantidade de movimento relativístico ondulatório é compatível com a invariância do princípio de conservação da quantidade de movimento para todos os observadores inerciais.

16. ENERGIA DE CORPÚSCULOS EM MOVIMENTOS ONDULATÓRIOS

Segundo Einstein, toda energia de qualquer forma particular é igual à massa em produto com o quadrado da velocidade da luz.

Simbolicamente, o referido enunciado é expresso pela seguinte igualdade:

$$W = m \cdot c^2$$

Observe que (**W**) é a energia total do corpo para um observador que mediu a massa (**m**). Se o corpo está em repouso relativamente ao observador, a massa do corpo é a massa de repouso (**m$_0$**), sendo que a energia:

$$W_0 = m_0 \cdot c^2$$

é denominado por "energia de repouso do corpo".

Então, logicamente, a energia total (**W**) de um corpúsculo em movimento ondulatório para um observador que mediu a freqüência (**f**), será igual à constante de Planck em produto com a freqüência. Simbolicamente, o referido enunciado é expresso pela seguinte igualdade:

$$W = h \cdot f$$

É evidente que a chamada energia de repouso de um corpúsculo será expressa pela seguinte igualdade:

$$W_0 = h \cdot f_0$$

Se (**W**) é a energia total do corpúsculo e (**W$_0$**) sua energia de repouso, decorre que a energia cinética de tal corpúsculo (**W$_c$**) será expressa por:

$$W_c = W - W_0$$

Substituindo convenientemente as três últimas expressões, vem que:

$$W_c = h \cdot f - h \cdot f_0$$

Ou então, considerando que:

$$f = f_0/(\sqrt{1 - v^2/c^2})$$

Substituindo convenientemente as duas últimas expressões, resulta que:

$$W_c = [(h \cdot f_0)/(\sqrt{1 - v^2/c^2})] - h \cdot f_0$$

Ou simplesmente:

$$W_c = h \cdot f_0 \cdot \{[1/(\sqrt{1 - v^2/c^2})] - 1\}$$

Empregando-se recursos matemáticos, é possível provar que (W_c) se transforma em ($W_c = h \cdot f_0$), quando ($v \ll c$); desse modo, a expressão proposta pelo autor no presente artigo transforma-se na conhecidíssima expressão Física Quântica Clássica.

17. EQUIVALÊNCIA ENTRE ENERGIA E FREQÜÊNCIA

Considerando a seguinte igualdade:

$$W_c = W - W_0$$

E que:

a) $W = h \cdot f$
b) $W_0 = h \cdot f_0$

Substituindo convenientemente as três últimas expressões, resulta que:

$$W_c = h \cdot f - h \cdot f_0$$

Ou seja:

$$W_c = h \cdot (f - f_0)$$

A referida equação indica que o acréscimo na energia pode ser considerado como um acréscimo na freqüência. Essa interpretação pode ser generalizada para associar uma variação da freqüência (Δf), com qualquer variação de energia (ΔW) do sistema. Essas duas variações estão relacionadas pela seguinte expressão:

$$\Delta W = h \cdot \Delta f$$

A referida expressão é a equação generalizada de energia. Sendo que a conservação de energia de um sistema isolado exige que:

c) $(W_c + W_p)_2 = (W_c + W_p)_1 = $ **constante**

d) $W_{c2} - W_{c1} = W_{p1} - W_{p2}$

Porém, de acordo com a equação:

$$W_c = [(h \cdot f_0)/(\sqrt{1 - v^2/c^2})] - h \cdot f_0 = h \cdot (f - f_0)$$

Então:

$$W_{c2} - W_{c1} = h \cdot (f_2 - f_1)$$

Logo:

$$h \cdot (f_2 - f_1) = W_{p1} - W_{p2}$$

A referida equação significa que qualquer variação na energia potencial interna do sistema, devido a um rearranjo exclusivamente interno, pode ser expressa como uma variação de freqüência do sistema que decorre da variação na energia cinética interna. Tal procedimento é perfeitamente válido desde que a energia total seja conservada. Devido ao fator (h), as variações na freqüência dificilmente serão apreciáveis nas experiências costumeiras da Física Quântica Clássica. Por essa razão a variação da freqüência, resultante de transformações de energia, é pouco apreciável em interações nucleares e em física de alta energia.

Uma das grandes conseqüências da presente teoria é o fato de que a "freqüência é uma forma da manifestação da energia"; ou melhor, a energia tem freqüência.

Desse modo, conclui-se que toda energia (**W**), de qualquer estado, particular, apresenta freqüência, medida pelo quociente do valor da energia, inversa pela constante de Planck. Reciprocamente, à toda freqüência (**Δf**), deve-se atribuir energia própria, igual a (**h . Δf**), independente e além da energia potencial (**W$_p$**) que o corpúsculo ou o sistema possua em um campo de forças.

Dessa forma pode-se afirmar que freqüência e energia são dois estados distintos do mesmo fenômeno físico.

18. EQUIVALÊNCIA ENTRE MASSA E FREQÜÊNCIA

De acordo com Albert Einstein, um acréscimo na energia cinética (**W$_c$**), pode ser considerada como um acréscimo na massa, o que decorre da dependência da massa com a velocidade.

A equação generalizada de Einstein é expressa simbolicamente pela seguinte igualdade:

$$\Delta W = c^2 . \Delta m$$

Já a equação generalizada de energia é expressa simbolicamente pela seguinte igualdade:

$$\Delta W = h \cdot \Delta f$$

Igualando convenientemente as duas últimas expressões vem que:

$$c^2 \cdot \Delta m = h \cdot \Delta f$$

Portanto, pode-se escrever que:

$$\Delta m = h \cdot \Delta f / c^2$$

Porém, como a razão entre duas constantes simplesmente resulta numa nova constante, pode-se considerar que tal constante quântica é igual ao quociente da constante de Planck, inversa pelo quadrado da velocidade da luz.

Simbolicamente, o referido enunciado é expresso pela seguinte relação:

$$\propto = h / c^2$$

Substituindo convenientemente as duas últimas equações, vem que:

$$\Delta m = \propto \cdot \Delta f$$

O referido resultado caracteriza a nova equação ondulatória. Tal equação é bastante sugestiva. Ela indica que o acréscimo na massa pode ser considerado como um acréscimo na freqüência do corpúsculo, o que decorre da dependência da massa com a freqüência. Evidentemente esse conceito leva à conservação da massa de um sistema isolado. Portanto, pode-se escrever que:

$$(m + m_0)_2 = (m + m_0)_1 = \text{constante}$$

Ou:

$$m_2 - m_1 = m_{01} - m_{02}$$

Porém, de acordo com as equações anteriores, pode-se escrever que:

$$m_2 - m_1 = \propto . (f_2 - f_1)$$

Logo resulta que:

$$m_{02} - m_{01} = \propto . (f_2 - f_1)$$

A referida equação implica que qualquer variação na massa de repouso interna do sistema, devido a um rearranjo interno, pode ser expressa como uma variação de freqüência do sistema que decorre da variação da massa relativística interna. Tal consideração é válida, desde que a massa total seja conservada.

Uma das maiores conseqüências da presente teoria é o fato de que a freqüência é uma manifestação da massa; ou seja, é uma natureza da massa. Desse modo, toda massa tem freqüência. Logo, pode-se afirmar que toda massa apresenta uma freqüência, medida pelo quociente do valor da massa, inversa por uma constante universal.

Simbolicamente, o referido enunciado é expresso por:

$$\Delta f = \Delta m / \propto$$

Reciprocamente, a toda freqüência deve-se atribuir uma inércia própria, igual a ($\propto$. Δf); independentemente, e além da massa de repouso que o corpúsculo ou o sistema possua em um campo de forças.

Assim, conclui-se que freqüência e massa são duas manifestações distintas do mesmo fenômeno.

19. MASSA DINÂMICA

A equação ondulatória estabelece que a massa total de um corpúsculo, de freqüência (**f**), é o produto da constante quântica por sua freqüência.

Simbolicamente, o referido enunciado é expresso por:

$$m = \propto . f$$

Observe que (**m**) é a massa total do corpúsculo para um observador que mediu a freqüência (**f**). Se o corpúsculo está em repouso dinâmico relativamente ao observador, a freqüência do corpúsculo é a freqüência de inércia (**f₀**), sendo que a massa (**m₀**)será expressa por:

$$m_0 = \propto . f_0$$

é chamada por "massa de repouso" do corpúsculo. Se (**m**) é a massa total do corpúsculo e (**m₀**) sua massa de repouso; decorre que a "massa dinâmica" (**m_d**) será expressa por:

$$m_d = m - m_0$$

Portanto, pode-se escrever que:

$$m_d = \propto . f - \propto . f_0$$

Ou então, considerando que:

$$f = f_0/(\sqrt{1 - v^2/c^2})$$

E, substituindo convenientemente as duas últimas expressões resulta que:

$$m_d = [\infty \cdot f_0/(\sqrt{1 - v^2/c^2})] - \infty \cdot f_0$$

Logo, pode-se escrever que:

$$m_d = \infty \cdot f_0 \cdot [1/(\sqrt{1 - v^2/c^2}) - 1]$$

Logo, apresento a nova equação relativística ondulatória como sendo de fundamental importância na comprovação experimental da presente teoria.

20. FREQÜÊNCIA ENERGÉTICA

O inverso da constante quântica permite concluir que a freqüência total de uma onda de matéria de um corpúsculo de massa (**m**) é diretamente proporcional à sua massa. Simbolicamente, o referido enunciado é expresso pela seguinte igualdade:

$$f = k \cdot m$$

Note que a freqüência (**f**) é a freqüência total do corpúsculo para um observador que mediu a massa (**m**). Se o corpúsculo está em repouso dinâmico relativamente ao observador, a massa do corpúsculo é a massa de repouso (**m₀**); sendo que a freqüência é expressa por:

$$f_0 = k \cdot m_0$$

é denominado por "freqüência de inércia" do corpúsculo. Se (f) é a freqüência total do corpúsculo e (f_0), sua freqüência de inércia decorre que a "freqüência energética" (f_e), será expressa por:

$$f_e = f - f_0$$

Substituindo convenientemente as três últimas expressões, resulta que:

$$f_e = k \cdot m - k \cdot m_0$$

Porém, considerando que:

$$m = m_0/(\sqrt{1 - v^2/c^2})$$

E substituindo convenientemente as duas últimas expressões, resulta que:

$$f_e = [k \cdot m_0/(\sqrt{1 - v^2/c^2})] - k \cdot m_0$$

Assim, pode-se escrever que:

$$f_e = k \cdot m_0 \cdot [1/(\sqrt{1 - v^2/c^2}) - 1]$$

A referida expressão é denominada por equação relativística de ondulatória.

21. *ENERGIA RELATIVISTICA ONDULATÓRIA TOTAL*

Na presente obra procurei estabelecer as relações fundamentais entre freqüência e energia: a energia de repouso (W_0) de um corpúsculo é igual à constante de Planck multiplicada com sua freqüência de inércia (f_0).

Simbolicamente, o referido enunciado é expresso por:

$$W_0 = h \cdot f_0$$

Já a energia relativística total (W) de um corpúsculo é igual à constante de Planck multiplicada por sua freqüência relativística.

O referido enunciado é expresso simbolicamente pela seguinte igualdade:

$$W = h \cdot f$$

A seguinte equação ondulatória:

$$W_c = [h \cdot f_0/(\sqrt{1 - v^2/c^2})] - h \cdot f_0$$

mostra que a relação entre a energia relativística ondulatória total (W), a energia cinética relativística (W_c) e a energia de repouso relativo ($h \cdot f_0$), é expressa pela seguinte equação:

$$W = W_c + h \cdot f_0$$

Logicamente é conveniente ter uma expressão ondulatória para a energia relativística total que envolva explicitamente a quantidade de movimento (**Q**). Tal expressão pode ser obtida se desenvolver a expressão da energia total da expressão caracterizada por:

$$W^2 = c^2 \cdot Q^2 + m_0^2 \cdot c^4$$

Porém, em outra parte, demonstrei que a energia de repouso apresenta a seguinte igualdade:

$$m_0 \cdot c^2 = h \cdot f_0$$

Logo, substituindo convenientemente as duas últimas expressões, resulta que:

$$W^2 = c^2 \cdot Q^2 + h^2 \cdot f_0^2$$

Tal equação ondulatória pode ser reduzida para a sua forma elementar. Para isso considere o seguinte: demonstrei que a quantidade de movimento de um corpúsculo pode ser caracterizada pela seguinte igualdade:

$$Q = m \cdot c = h/f$$

Porém, a teoria ondulatória mostra que o comprimento de onda é igual ao quociente da velocidade e inversa pela freqüência.

Simbolicamente, o referido enunciado é expresso pela seguinte relação:

$$\lambda = c/f$$

Substituindo convenientemente as duas últimas relações, resulta que:

$$Q = (h/c)/f$$

Logo, vem que:

$$Q = h \cdot f/c$$

Evidentemente pode-se escrever que:

$$Q^2 = h^2 \cdot f^2/c^2$$

Substituindo convenientemente a referida relação na expressão ondulatória que traduz a energia relativística total, implica que:

$$W^2 = c^2 \cdot h^2 \cdot f^2/c^2 + h^2 \cdot f_0^2$$

Eliminando os termos em evidência, resulta que:

$$W^2 = h^2 \cdot f^2 + h^2 \cdot f_0^2$$

Portanto, pode-se escrever ainda que:

$$W^2 = h^2 \cdot (f^2 + f_0^2)$$

Tal expressão ondulatória representa a forma elementar da equação da energia relativística total.

É muito apropriado observar que a existência de uma energia ondulatória de repouso, ou seja, estacionária; ($h \cdot f_0$) não está em conflito com a física elementar. Como as experiências nesse campo envolvem sempre sistemas nos quais a energia de repouso é basicamente constante, as energias de repouso apropriadas podem ser somadas aos dois lados de todas as equações de balanço de energia elementar, sem destruir sua validade.

Em muitos processos que ocorrem na natureza a freqüência de inércia total de um sistema isolado muda de forma bastante significativa. É claro que para tais processos qualquer experiência realizada na Física Quântica deverá mostrar que a variação na energia de repouso é compensada exatamente por uma variação em energia cinética de tal forma que a energia ondulatória relativística total do sistema permaneça conservada.

22. PULSOS RELATIVISTICOS

A física demonstra que a freqüência de uma onda é igual ao número de pulso e inversa pela variação de tempo.

Simbolicamente, o referido enunciado é expresso pela seguinte relação:

$$f = n/\Delta t$$

Evidentemente, pode-se escrever que:

$$n = f \cdot \Delta t$$

Agora considere que um observador (**x**), que se desloca com uma velocidade (**v**) em relação a um observador (**x₀**), deseje comparar os números de pulsos medidos por seus instrumentos. Então, se (**n₀**) é o número de pulso de um corpúsculo; número de pulso medido em relação a um sistema de referência em repouso em relação a um referencial inercial, e (**n**) o número de pulso do mesmo corpúsculo, medido em um referencial que se desloca com velocidade (**v**) em relação ao referencial em repouso.

Dessa maneira, pode-se afirmar que:

a) $n_0 = f_0 \cdot \Delta t_0$

b) $n = f \cdot \Delta t$

Segundo Einstein, existe a seguinte relação:

$$\Delta t = \Delta t_0/(\sqrt{1 - v^2/c^2})$$

Segundo o que foi demonstrado no presente artigo, existe a seguinte relação:

$$f = f_0/(\sqrt{1 - v^2/c^2})$$

Logo, o produto existente entre as duas últimas equações, implica que:

$$n = f \cdot \Delta t = f_0/(\sqrt{1 - v^2/c^2}) \cdot \Delta t_0/(\sqrt{1 - v^2/c^2})$$

Assim, vem que:

$$n = f \cdot \Delta t = f_0 \cdot \Delta t_0/(\sqrt{1 - v^2/c^2})$$

Porém, afirmei que:

$$n_0 = f_0 \cdot \Delta t_0$$

Substituindo convenientemente as duas últimas equações, resulta que:

$$n = n_0/(\sqrt{1 - v^2/c^2})$$

23. DIFICULDADES DE ORDEM EXPERIMENTAL

Qualquer experiência que for realizada no sentido de demonstrar a teoria defendida neste artigo deve levar em conta as seguintes dificuldades:

a) Para partículas macroscópicas usuais, a massa é tão grande que a quantidade de movimento é sempre grande o suficiente para que o comprimento de onda de De Broglie seja muito pequeno, ficando além dos limites em que pode ser detectado experimentalmente.

b) Para partículas macroscópicas usuais, a velocidade é tão baixa o suficiente para que fenômenos relativísticos em geral, não sejam observáveis.

c) Na natureza microscópica, as massas das partículas materiais são tão pequenas que suas quantidades de movimento são pequenos mesmo se suas velocidades sejam grandes. Portanto os seus comprimentos de onda de De Broglie são suficientemente grandes para serem observadas experimentalmente.

d) Visto que é somente na natureza microscópica que se torna possível verificar os comprimentos de ondas de De Broglie; então, se torna evidente que os comprimentos de onda de Leandro serão observáveis na natureza microscópica, pois esses comprimentos de ondas são menores que os comprimentos de ondas de De Broglie.

Considerando as observações expostas, conclui-se que, experimentalmente, é muito difícil medir os efeitos relativísticos previstos na presente teoria.

24. LEI BRAGG-LEANDRO

As propriedades que permitiram estabelecer a equação de Bragg são expressa por:

$$\text{sen}\varphi = n \cdot \lambda/2d$$

Também permitem estabelecer certas proprie-dades expressa na presente teoria. Portanto, também se pode concluir que:

$$\text{sen}\varphi = n \cdot \lambda_0/2d \cdot (\sqrt{1 - v^2/c^2})$$

25. APLICAÇÃO DA PRESENTE TEORIA

A presente teoria tem uma aplicação imediata, que consiste em empregar as ondas de Leandro, que são muito menores que as de De Broglie, na constru-ção de um "microscópio eletrônico relativístico".

Em tal microscópio, as partículas devem ser aceleradas até que adquiram imensas energias, através do uso de aceleradores de anéis ou mesmo lineares.

A luz se propaga em ondas de comprimento muito curto, mas mesmo assim, grande o suficiente para saltar por cima dos átomos, impossibilitando que os mesmos sejam vistos.

Como os elétrons se propagam em ondas, e um feixe de elétrons pode ser facilmente focalizado e re-fletido pela matéria. E, além disso, a presente teoria prevê comprimentos de ondas menores do que as clássicas. Assim, "microscópios relativísticos" podem ser construídos, com a vantagem de ser mais poderoso que os microscópios eletrônicos atualmente existentes.

TESE II

A DINÂMICA DO IMPACTO

01. INTRODUÇÃO

No presente tratado será dado início ao estudo de uma teoria científica que denominei por **Dinâmica do Impacto**. Será estabelecida uma equação fundamental em relação a uma escala em particular. Essa equação representa a essência dos princípios que caracterizam a Dinâmica do Impacto. Ela esclarece uma série de fenômenos mecânicos de forma simples, lógica, consistente e extremamente exata.

Portanto, na presente teoria, será analisado o impacto, suas leis e propriedades em função da referida equação fundamental.

02. FORÇA DE IMPACTO

Para se estabelecer uma equação geral na medida da força de impacto, considere um móvel de massa (**m**) em queda livre. Tal móvel depois de um certo intervalo de tempo choca-se contra uma mola de constante elástica (**k**).

Sabendo que a velocidade do móvel, antes do choque, é (**v**), deve-se procurar determinar a máxima força de impacto sofrida pela mola.

Parte A - Sendo o sistema (corpo/mola) claramente conservativo, pode-se afirmar que a energia mecânica (E_{ma}) é igual à energia mecânica (E_{mb}).
Ou seja:

$$E_{ma} = E_{mb}$$

Como:
a) $E_{ma} = E_{pa} + E_{ca}$
b) $E_{mb} = E_{pb} + E_{cb}$

Pode-se escrever que:

$$E_{pa} + E_{ca} = E_{pb} + E_{cb}$$

Porém:

c) $E_{pa} = 0$

Isto porque a mola encontra-se numa posição de equilíbrio.

d) $E_{cb} = 0$

Isto porque na posição de compreensão máxima a velocidade do corpo é igual a zero.

Assim resulta:

$$E_{pa} + E_{ca} = E_{pb} + E_{cb}$$

Logo tem-se que:

$$E_{ca} = E_{pb} = m \cdot v^2/2 = k \cdot x^2/2 \Rightarrow x^2 = m \cdot v^2/k$$

Portanto resulta que:

$$x = v \cdot \sqrt{m/k}$$

Parte B - Quando uma força (**F**) é aplicada sobre uma mola de constante elástica (**k**), a mesma sofre uma determinada deformação (**x**). Experimentalmente, verifica-se que a intensidade da força aplicada é diretamente proporcional à deformação provocada.

$$F = k \cdot x$$

Pela terceira lei de Newton, a força que provoca a deformação elástica da mola apresenta a mesma intensidade e na mesma direção, porém, em sentido contrário à força exercida pela mola.

Parte C - Considerando os conceitos estabelecidos até o presente momento, pode-se escrever que:

$$x = F/k = v \cdot \sqrt{m/k}$$

Portanto vem que:

$$F = k \cdot v \cdot \sqrt{m/k}$$

A referida expressão representa a força de impacto de um móvel sobre uma mola.

O móvel ao atingir a mola distende-a até que a força exercida pela mola sobre o corpo seja igual em módulo à intensidade de força de impacto. Evidentemente, a terceira lei de Newton é tacitamente usada nesse procedimento, pois considera-se que a força exercida pela mola sobre o corpo tenha o mesmo módulo que a força exercida pelo corpo sobre a mola. Sendo esta a força é a que desejo considerar.

Entretanto, considerando que a referida mola venha a constituir-se num dinamômetro (instrumento que indica a intensidade de força aplicada), onde a constante elástica é igual a "um", ($k = 1$). Então, pode-se escrever que:

$$F = x$$

Ou seja, a deformação elástica sofrida pela mola avalia diretamente a intensidade de força que provoca a referida deformação.

Logo resulta na seguinte "definição":

$$F = v \cdot \sqrt{m}$$

A mola simplesmente avalia a intensidade de força, entretanto, a referida expressão caracteriza a generalização da lei que avalia a força de impacto no choque de um móvel sobre qualquer outro corpo ou superfície.

Como a força de impacto é diferente da força peso; então proponho que a força de impacto seja representada pela letra (**I**).

Assim pode-se escrever a seguinte "definição":

$$I = v \cdot \sqrt{m}$$

Isto permite afirmar que a intensidade da força de impacto (**I**) é igual à velocidade (**v**) que o corpo apresenta no momento do choque, pela raiz quadrada de sua massa.

Esta é uma lei de fundamental importância para a avaliação da intensidade da força de impacto num choque mecânico clássico.

03. AVALIAÇÃO DO IMPACTO PELA ENERGIA POTENCIAL GRAVITACIONAL

A equação que avalia a intensidade da força de impacto em um choque mecânico é expressa por:

$$I = v \cdot \sqrt{m}$$

Evidentemente pode-se escrever o seguinte:

$$I^2 = v^2 \cdot m$$

Pela chamada equação de Torricelli, tem-se que:

$$v^2 = 2g \cdot h$$

Nessa expressão, (g) representa a aceleração da gravidade e (h) a altura de queda livre.

Substituindo convenientemente as duas últimas expressões vem que:

$$I^2 = 2g \cdot h \cdot m$$

Pela segunda lei de Newton, sabe-se que o peso (p) de um corpo é expresso por:

$$p = m \cdot g$$

Substituindo convenientemente as duas últimas expressões, resulta:

$$I^2 = 2h \cdot p$$

Porém, sabemos que em mecânica considera-se a chamada energia potencial gravitacional, associada ao trabalho do peso.

Tal energia potencial gravitacional (E_p) é expressa por:

$$E_p = p \cdot h$$

Substituindo convenientemente as duas últimas expressões vem que:

$$I^2 = 2E_p$$

Isto permite afirmar que o quadrado da intensidade da força de impacto é igual ao dobro da energia potencial gravitacional.

04. AVALIAÇÃO DO IMPACTO PELA ENERGIA CINÉTICA

Em todo e qualquer choque existe sempre a presença da velocidade. E a energia cinética (E_c) é a energia que um corpo possui por ter velocidade, sendo expressa por:

$$E_c = m \cdot v^2/2$$

Ou:

$$2E_c = m \cdot v^2$$

Onde (**m**) é a massa do móvel e (**v**) a velocidade do mesmo.

Ficou demonstrado neste tratado que:

$$I^2 = m \cdot v^2$$

Substituindo convenientemente as duas últimas expressões resulta:

$$I^2 = 2E_c$$

Logo se pode afirmar que o quadrado da intensidade da força de impacto é igual ao dobro do valor da energia cinética do móvel.

05. *AVALIAÇÃO DO IMPACTO PELA QUANTIDADE DE MOVIMENTO*

Pelos estudos anteriores ficou bem claro que a intensidade da força de impacto num choque mecânico pode ser expresso por:

$$I^2 = v^2 . m$$

Agora considere um corpo de massa (**m**) com velocidade (**v**) em relação a um determinado referencial. A quantidade de movimento (**Q**) desse móvel é expressa por:

$$Q = m . v$$

Substituindo convenientemente as duas últimas expressões, resulta que:

$$I^2 = v . Q$$

Assim, afirma-se que o quadrado da intensidade de força de impacto é igual ao produto existente entre a velocidade de um corpo no momento do choque pela sua quantidade de movimento. Ou seja:

a) $Q^2 = m^2 \cdot v^2$
b) $I^2 = v^2 \cdot m$

Dividindo ambos termos:

$$Q^2/I^2 = (m^2 \cdot v^2)/(m \cdot v) = Q^2/I^2 = m$$

Logo:

$$I^2 = Q^2/m$$

06. A PRESSÃO DO IMPACTO

A pressão é uma grandeza escalar definida como sendo igual ao quociente da intensidade da força aplicada sobre uma superfície, inversa pela área do corpo.

O referido enunciado pode ser simbolicamente escrito da seguinte forma:

$$P = F/A$$

Como já foi discutido, o impacto é uma força expressa por:

$$I = v \cdot \sqrt{m}$$

Como: $F = I$, pode-se escrever o seguinte:

$$P = I/A$$

Ou seja:

$$P = v/A \cdot \sqrt{m}$$

Portanto pode-se dizer que a pressão exercida por um corpo em um choque mecânico é igual ao quociente da velocidade desse corpo no momento do choque multiplicada pela raiz quadrada da massa do mesmo e inverso pela área de contato do corpo.

07. O IMPACTO RELATIVO

Considere dois corpos deslocando-se num meio fixo, em sentidos contrários. Um dos corpos apresenta massa (m_1) e o outro (m_2). Tudo avaliado de um ponto de referência inercial fixado na Terra. As velocidades dos corpos são (v_1 e v_2). A velocidade do móvel de massa (m_1) relativa ao móvel de massa (m_2) é expressa por:

$$\mu = v_1 + v_2$$

Ocorrendo o choque mecânico entre os dois corpos considerados, o impacto relativo será a soma da intensidade de força de impacto de cada corpo;

como se cada um individualmente sofresse um choque contra um referencial inercial isolado.

Ou seja, a intensidade da força de impacto do móvel (m_1) relativa ao móvel (m_2) é expressa por:

$$I_r = I_1 + I_2$$

Porém, ficou demonstrado que:

$$I = v \cdot \sqrt{m}$$

Portanto, o impacto relativo pode ser expresso por:

$$I_r = v_1 \cdot \sqrt{m_1} + v_2 \cdot \sqrt{m_2}$$

08. O IMPACTO E O CHOQUE MECÂNICO

Quando dois corpos se chocam, devido as forças resultantes no impacto, ocorrem modificações tanto nas suas velocidades como nas suas formas físicas.

Vou considerar o chamado choque central direto que nada mais é do que os choques de corpos deslocando-se na mesma reta, estando perpendicular às superfícies de contato quando eles sofrem a choque mecânico.

O extraordinário físico inglês Sir Isaac Newton (1642-1727), demonstrou que no choque central de dois corpos, obtém-se a seguinte igualdade:

$$v_2 - v_1 = e . (V_2 - V_1)$$

A letra (V_1 e V_2) representa as velocidades dos móveis antes do choque mecânico: (v_1 e v_2) representa as respectivas velocidades depois do choque; e (e) é conhecido por coeficiente de restituição. Ficou demonstrado anteriormente que:

$$v = I/\sqrt{m}$$

Logo, substituindo convenientemente as duas últimas expressões, resulta:

$$i_2/\sqrt{m_2} - i_1/\sqrt{m_1} = e . (I_2/\sqrt{m_2} - I_1/\sqrt{m_1})$$

$$(i_2 . \sqrt{m_1}) - (i_1 . \sqrt{m_2})/\sqrt{m_2} . \sqrt{m_1} = e . [(I_2 . \sqrt{m_1}) - (I_1 . \sqrt{m_2})]/\sqrt{m_2} . \sqrt{m_1}$$

$$(i_2 . \sqrt{m_1}) - (i_1 . \sqrt{m_2})/\sqrt{m_2} . \sqrt{m_1} = (e . I_2 . \sqrt{m_1}) - (e . I_1 . \sqrt{m_2})/\sqrt{m_2} . \sqrt{m_1}$$

$$i_2 . \sqrt{m_1} - i_1 . \sqrt{m_2} = e . (I_2 . \sqrt{m_1} - I_1 . \sqrt{m_2})$$

Considere agora um corpo em queda livre, que ao cair, se choca contra um plano horizontal fixo. E que após o choque retorna para o alto atingindo uma nova altitude. A força de impacto ao atingir o plano é expressa por:

$$I = V \cdot \sqrt{m} \quad \text{ou} \quad V = I/\sqrt{m}$$

No segundo choque, o impacto do referido corpo é expresso por:

$$i = v \cdot \sqrt{m} \quad \text{ou} \quad v = i/\sqrt{m}$$

Na fórmula apresentada por Newton sobre o coeficiente de restituição, as duas velocidades do segundo corpo é zero porque o plano horizontal é fixo $(V_2 = 0)$ e $(v_2 = 0)$. Logo, obtém-se:

$$v = e \cdot V$$

Portanto, pode-se escrever que:

$$i/\sqrt{m} = e \cdot I/\sqrt{m}$$

Logo, resulta:

$$i = e \cdot I$$

09. O IMPULSO

O impacto é definido como sendo a intensidade de força que um corpo apresenta no momento de um choque mecânico. Como ficou demonstrado, a força de impacto é expressa pela seguinte equação:

$$I = v \cdot \sqrt{m}$$

Já o **impulso** é a força necessária para lançar o corpo a uma determinada distância ou altura. A força de impulso apresenta a mesma intensidade da força de **impacto**, pois ambas são descritas pelas mesmas equações. A diferença reside no efeito provocado. No chamado lançamento vertical, a força de impulso só difere da força de impacto de um corpo em queda livre, pelo fato de apresentar uma força inicial vertical.

Em queda livre, o módulo da força de impacto de um corpo de massa (**m**) aumenta na proporção da velocidade.

Já no lançamento vertical para cima, o módulo da chamada força de impulso diminui, na mesma proporção de sua velocidade, até se anular na altura máxima. Neste ponto, o móvel de massa (**m**) muda de sentido e cai até o ponto de choque.

Segundo convenções algébricas, o impulso é negativo quando o impacto é positivo ou vice versa. Por sua vez, o impacto sempre acompanha o sinal da velocidade do móvel.

Um lançamento na vertical ou uma queda livre está apenas associado ao sinal da velocidade.

Assim, pode-se afirmar que a intensidade de força de impulso e da força de impacto têm o mesmo módulo. Ou seja: A força num ponto de lançamento e de chegada tem o mesmo módulo. Sendo que no lan-

çamento essa força recebe o nome de impulso (**L**) e
no choque recebe o nome de impacto (**I**).

Do que ficou enunciado, pode-se escrever:

$$I = - L$$

Logicamente estas propriedades só valem
quando o ponto de impulso coincide com o ponto de
choque. Evidentemente, considerando desprezível a
ação do ar. Ou seja, quando se considera o movimento do corpo no vácuo.

A força que caracteriza um corpo de massa (**m**),
equivale-se de impulso a impacto, ou vice versa.

Um corpo lançado para cima com uma força
(**L**) retorna à mesma posição com o mesmo módulo
de força (**I**). No primeiro caso, trata-se do impulso e
no segundo do impacto. Tudo isso desprezando a resistência do ar.

Ou seja, na ausência de uma força dissipativa, o
impulso inicialmente fornecido ao corpo num lançamento vertical, apresenta o mesmo módulo de força,
no momento de impacto. Porém, no referido fenômeno, essa força se equivale. Quando o corpo sobe, diminui a força de impulso e, portanto sua energia cinética; porém, o móvel vai acumulando em forma latente uma força de impacto e, portanto de energia potencial. Na altura máxima, o impulso é nulo e o móvel
muda de sentido, tendo somente em relação ao ponto
de partida, uma força de impacto na forma latente, caracterizada por uma energia potencial. No momento

do choque, com seu exato retorno ao ponto de partida, recupera em módulo a força inicial, com a qual foi lançado. Ou seja, o módulo da força de impulso é igual ao módulo da força de impacto.

$$|-L| = |I|$$

É evidente que a intensidade de força de impulso está relacionada com a energia cinética; enquanto que a intensidade de força de impacto encontra-se relacionada com a energia potencial. Anteriormente ficou demonstrado que o quadrado da intensidade da força de impacto é igual ao dobro da energia potencial. Ou seja:

$$I^2 = 2E_p \quad ou \quad E_p = I^2/2$$

Como o módulo da força de impulso é igual ao módulo da força de impacto, pode-se afirmar que o quadrado da intensidade da força de impulso é igual ao dobro da energia cinética. Simbolicamente escreve-se:

$$L^2 = 2E_c \quad ou \quad E_c = L^2/2$$

O conhecido princípio da conservação da energia mecânica (E_m), afirma que a energia mecânica é o resultado da soma da energia potencial com a energia cinética.
Simbolicamente escreve-se:

$$E_m = E_p + E_c$$

Substituindo convenientemente as três últimas expressões resulta que:

$$E_m = I^2/2 + L^2/2$$

Portanto, resulta:

$$E_m = (I^2 + L^2)/2$$

Conclui-se que a energia mecânica do sistema considerado permanece constante na ausência de forças dissipativas; mantendo-se equivalente entre as mudanças de forças impulsivas e de impacto.

10. A GENERALIZAÇÃO

A equação fundamental do presente estudo é expressa por:

$$I = v \cdot \sqrt{m}$$

Embora tenha sido deduzida para avaliar a intensidade de força no ponto do choque mecânico; na verdade, também, pode avaliar a intensidade de força que atua em um móvel, em qualquer instante, e não somente no ponto do choque.

Tem-se dessa forma uma equação geral, para avaliar os mais diferentes fenômenos dinâmicos.

Portanto, a força (**F**) apresenta por uma partícula em movimento é igual à sua velocidade multiplicada pela raiz quadrada de sua massa.

Simbolicamente pode-se escrever que:

$$F = v . \sqrt{m}$$

Dessa maneira a referida expressão matemática estabelece uma lei fundamental de extrema importância para a análise geral dos movimentos. A referida lei relaciona as forças envolvidas a um ponto material de massa (**m**) e as variações de velocidade que apresenta.

Portanto sendo (**F$_r$**) a soma resultante das forças que aparecem e (**v**) a velocidade que produz em sua direção e sentido, a referida lei estabelece que:

A força resultante num ponto material é igual ao produto entre a velocidade adquirida pela raiz quadrada da massa.

$$F_r = v . \sqrt{m}$$

O referido enunciado é na verdade um princípio fundamental. A última igualdade vetorial é uma equação fundamental válida em um referencial inercial. A mesma equação fornece a intensidade de força (**F$_r$** = **F**) transportada por um ponto material num dado instante; fornece a intensidade de força de impacto (**F$_r$** = **I**) no momento do choque mecânico; fornece a intensidade de força de impulso ($F_r = L$) no lançamento do ponto material.

11. FORÇA INÉRCIA

Para acelerar um corpo livre, numa região onde não exista nenhum efeito de forças externas, é necessário a mesma intensidade de força que seria exigida para acelerá-lo na terra, ao longo de uma superfície horizontal sem atrito, pois sua massa é a mesma, em ambos os lugares.

Entretanto, na superfície da Terra, é necessário maior força para equilibrar o corpo contra a atração, do que para suspendê-lo no espaço, pois seu peso é diferente em cada caso.

Para comprovar a inércia de um corpo como uma força, considere a seguinte demonstração:

1) $Z = I - p$

Onde a letra (Z), representa a força inercial, a letra (I) a força latente em estado potencial, transportada por um móvel e a letra (p), representa o peso do corpo.

Em matemática pura, sabe-se que o produto notável da soma pela diferenças de dois termos é igual ao quadrado do primeiro, menos o quadrado do segundo.

Aplicando tal conceito na equação anterior, pode-se escrever que:

$$I^2 - p^2 = (I + p) \cdot (I - p)$$

Como $(I - p = Z)$, resulta que:

$$I^2 - p^2 = (I + p) \cdot Z$$

Portanto, pode-se escrever:

2) $Z = (I^2 - p^2)/(I + p)$

Pelo desenvolvimento do presente tratado, ficou caracterizado que:

$$I^2 = v^2 \cdot m$$

Pela equação do cientista italiano Evangelista Torricelli, pode-se escrever:

$$v^2 = 2g \cdot h$$

Onde a letra (**h**) representa o deslocamento do móvel e a letra (**g**) a aceleração do mesmo.

Substituindo convenientemente as duas últimas expressões vem que:

$$I^2 = 2g \cdot h \cdot m$$

Como $(p = m \cdot g)$, pode-se escrever:

3)
$$I^2 = 2h \cdot p$$

Então, substituindo convenientemente a equação (**3**) em (**2**), resulta:

$$Z = (2h \cdot p - p^2)/(I + p)$$

Portanto vem que:

$$Z = p \cdot (2h - p)/(I + p)$$

Como, $(I = v \cdot \sqrt{m})$, resulta:

$$Z = p \cdot (2h - p)/v \cdot (\sqrt{m}) + p$$

Ou
$$Z = I - p$$

$$I^2 = 2h \cdot p$$

$$\sqrt{I^2} = \sqrt{2h} \cdot p$$

$$I = \sqrt{2h} \cdot p$$

Portanto:

$$Z = (\sqrt{2h} \cdot p) - p$$

Ou seja, em conclusão pode-se afirmar que um corpo em movimento é portador de uma inércia (**Z**), conforme a expressão acima.

12. QUANTIDADE DE IMPULSO

Considere um corpo de prova, por exemplo, uma esfera de metal, solta de uma altura (**h**). E que, ao entrar em queda livre, se choca contra uma mola fixa num plano horizontal. Com o ímpeto, verifica-se que a referida mola sofre uma deformação (**x**) perfeitamente elástica, o que indica a ação de uma força. Repetindo essa experiência, soltando a esfera de uma altura maior (**H**). Nota-se que ao se chocar contra a referida mola, esta sofre uma deformação maior (**y**), o que indica a ação de uma intensidade maior de força.

Considere agora uma segunda experiência: Uma esfera de massa (m_1) solta de uma altura (**H**), ao cair, se choca contra uma mola, provocando uma deformação (x_1), perfeitamente elástica. Em seguida, da mesma altura (**H**), se solta uma segunda esfera de massa (m_2), que ao cair, se choca contra a referida mola. Verifica-se que esta sofre uma deformação (x_2), diferente de (x_1).

Pela terceira lei de Newton, durante o choque do corpo/mola, a força que o corpo exerce sobre a mola é a mesma que a mola exerce sobre o corpo, só que em sentidos contrários. Pode-se agora extrapolar e dizer que, ao se eliminar a mola, o móvel se chocará contra o plano horizontal fixo com a mesma intensidade de força, com que se chocaria contra a mola. Esta observação, apóia firmemente a idéia de que qualquer móvel transporta uma força intrínseca, que neste tratado chamo por "quantidade de impulso"; representado pela letra (**q**).

Segundo o que ficou demonstrado em parágrafos anteriores, pode-se afirmar que a quantidade de impulso é a força total transportada por um móvel e liberada no momento do impacto de um choque mecânico.

Portanto, resulta que:

$$q = I$$

Logo vem:

$$q = v \cdot \sqrt{m}$$

A quantidade de impulso é uma grandeza vetorial e apresenta:
a) *Intensidade*: (módulo) $|q| = m \cdot |v|$;
b) *Direção*: a mesma de **v** (paralela a **v**);
c) *Sentido*: o mesmo de **v** (porque **m** é positivo).

13. PROPOSIÇÃO DO IMPACTO

Para se analisar ao que chamo de "proposição do impacto", considere um móvel de massa (**m**), submetido a um sistema de forças com a mesma direção da velocidade do referido móvel. Agora considere a seguinte demonstração:

$$I = v . \sqrt{m}$$

Como $(v = v_0 + \Delta v)$, vem:

$$I = (v_0 + \Delta v) . \sqrt{m}$$

$$I = v_0 . \sqrt{m} + \Delta v . \sqrt{m}$$

Onde:

$$I = I_r$$

$$v_0 . \sqrt{m} = q_0$$

$$\Delta v . \sqrt{m} = \Delta q$$

$$I_r = q_0 + \Delta q$$

No choque, $(I_r = q)$, portanto vem:

$$q = q_0 + \Delta q$$

Logo resulta:

$$\Delta q = q - q_0$$

Assim:

$$\Delta q = v . \sqrt{m} - v_0 . \sqrt{m}$$

$$\Delta q = (v - v_0) . \sqrt{m}$$

14. QUANTIDADE DE IMPULSO RELATIVÍSTICO

A Teoria da Relatividade de Albert Einstein propõe que a massa de uma partícula dever ser redefinida como:

$$m = m_0/(\sqrt{1 - v^2/c^2})$$

Onde (m_0) representa a massa da partícula quando o corpo está em repouso cm relação a um observador. Ela é chamada por "massa de repouso". A letra (m) representa a massa da partícula, medida quando se move com velocidade (v) em relação ao observador. A letra (c) é a velocidade da luz.

Dentro dos conceitos relativísticos, a quantidade de impulso permanece válido, desde que tal quantidade numa partícula isolada seja definida não como ($q^2 = v^2 . m_0$) mas sim por:

$$q^2 = m_0 . v^2/(\sqrt{1 - v^2/c^2})$$

Ou:

$$q = v \cdot \sqrt{m_0}/(\sqrt{1 - v^2/c^2})$$

As partículas elementares podem adquirir velocidades próximas à velocidade da luz. Nesta condição, a massa da partícula cresce em relação à massa de repouso. Sendo que a quantidade de impulso de uma partícula em alta velocidade é expressa exatamente pela equação acima.

A equação da quantidade de impulso apresenta uma larga faixa de aplicação no estudo de todos os fenômenos envolvendo a ação de forças impulsivas de um corpo. Em especial permite compreender os mais diversos fenômenos resultantes das colisões entre partículas atômicas, nucleares e elementares.

A equação ($F = v \cdot \sqrt{m}$) é muito mais fundamental do que aparentemente se pode suspeitar. A mesma equação explica a quantidade de força transportada por uma partícula em movimento retilíneo uniforme ou em movimento uniformemente variado, ou ainda em movimento variado. Explica as forças envolvidas num impacto. Explica as forças de impulso envolvidas no arremesso de um corpo e muito outros fenômenos. Nunca uma mesma equação, forneceu tantas explicações para os mais variados fenômenos.

O êxito da presente teoria reside no fato de que o método apresentado dá resultados conforme a experiência. E o mais interessante é que apesar da ampla aplicação, a lei tem forma simples. Nisto reside a glória suprema desta teoria.

15. *QUANTIDADE DE IMPULSO CENTRÍPETO*

Um móvel em movimento circular uniforme, está sujeito à ação de uma força dirigida para o centro da circunferência que descreve e, que por esta razão, é denominada por força centrípeta, cujo módulo é avaliado pela seguinte expressão:

$$f_c = v^2 . m/R$$

Na referida expressão, a letra (f_c), representa a força centrípeta, (R) o raio da circunferência, já os demais símbolos são conhecidos.

Portanto, pode-se escrever:

$$f_c . R = v^2 . m$$

Ora, sabemos que o quadrado da quantidade de impulso de um móvel é expresso por:

$$q^2 = v^2 . m$$

Então substituindo convenientemente as duas últimas expressões, resulta:

$$q^2 = f_c . R$$

Isto significa que, por ser dirigida para o centro da circunferência, esta quantidade de impulso pode ser chamada "quantidade de impulso centrípeto", representada pelo símbolo (q_c).

Portanto, pode-se definir:

$$q_c^2 = f_c \cdot R$$

Evidentemente, nos movimentos retilíneos não existe quantidade de impulso centrípeto. Pode existir a quantidade de impulso tangencial.

16. CONSERVAÇÃO DA QUANTIDADE DE IMPULSO EM COLISÕES

Para a demonstração da lei da conservação da quantidade de impulso em colisões, considere o choque entre dois corpos de massas (m_1) e (m_2). Durante o impacto, estes corpos exercem entre si grandes forças. Seja (F_1) a força exercida sobre o corpo (m_1) pelo corpo (m_2). E seja (F_2) a força exercia sobre o corpo (m_2) pelo corpo (m_1). Evidentemente, pela terceira Lei de Newton, os dois corpos (m_1) e (m_2) sofrem a ação de forças iguais e em sentidos opostos, ou seja: $(F_2 = -F)$; $[(\sqrt{m_2}) \cdot v_2] = [(-\sqrt{m_1}) \cdot v]$.

Analisando a variação da quantidade de impulso, considere:

a) A variação da quantidade de impulso do corpo (m_1), devido ao choque é expresso por:

$$\Delta q_1 = q_f - q_a = \int_{qa}^{qf} dq = \int_{va}^{vf} (\sqrt{m_1}). \, dv_1$$

Onde (q_f) refere-se à quantidade de impulso depois do choque e (q_a), refere-se à quantidade de impulso antes do choque.

b) A variação da quantidade de impulso do corpo (m_2), devido ao choque é expresso por:

$$\Delta q_2 = q_f - q_a = \int_{qa}^{qf} dq = \int_{va}^{vf} (\sqrt{m_2}). \, dv_2$$

Não existindo outras forças atuando sobre os corpos, então as grandezas (Δq_1) e (Δq_2) representam as variações totais das quantidades de impulso de cada corpo.

Como, ($F = q$) e ($F_1 = -F_2$), resulta que:

$$\Delta q_1 = -\Delta q_2$$

Se considerados os dois corpos como um sistema isolado, a quantidade de impulso total do sistema será expresso por:

$$Q = q_1 + q_2$$

Portanto a variação total da quantidade de impulso do sistema considerado, devido ao choque, será nula, ou seja:

$$\Delta Q = \Delta q_1 + \Delta q_2 = 0$$

Logo se pode concluir que a quantidade de impulso do sistema não varia no choque.

17. IMPULSO GRAVITACIONAL

A velocidade orbital de um corpo em torno de um planeta é expressa por:

$$v^2 = G \cdot M/d$$

Onde a letra (**v**) representa a velocidade, a letra (**M**) é a massa do planeta, a letra (**d**) representa a distância entre o centro do planeta ao corpo celeste e, a letra (**G**) representa uma constante gravitacional de caráter universal.

Ao multiplicar ambos termos pela massa (**m**) do corpo que órbita em torno do planeta, obtém-se que:

$$m . v^2 = G . M . m/d$$

Esta igualdade caracteriza o impulso (**I**)que rege o movimento do corpo, ou seja:

$$I^2 = m . v^2$$

Portanto resulta que:

$$I^2 = G . M . m/d$$

Dividindo ambos termos pela distância (d), obtém-se:

$$I^2/d = G . M . m/d^2$$

Porém (**G . M . m/d²**), caracteriza a intensidade de força (**p**) gravitacional:

$$p = G . M . m/d^2$$

Logo se pode escrever que:

$$I^2 = p . d$$

Ou seja, o impulso gravitacional é igual a força de atração entre dois corpos multiplicados pela distância entre eles.

18. QUEDA LIVRE DOS CORPOS E A CONCLUSÃO DE GALILEU

O físico italiano Galileu Galilei estabeleceu a seguinte verdade: "A partir da mesma altura todos os corpos em queda livre adquirem a mesma velocidade independentemente de seu peso ou massa".

Isto implica que: $v_1 = v_2 = v_3 = ... = v_n$
No presente tratado demonstrei que: $I = v . \sqrt{m}$
Logo, pode-se estabelecer a seguinte igualdade:

$$I_1/\sqrt{m_1} = I_2/\sqrt{m_2} = I_3/\sqrt{m_3} = ... = I_n/\sqrt{m_n}$$

Desde que sejam largados da mesma altura. Assim, dois corpos que se chocam na superfície devem apresentar impactos na razão inversa das raízes quadradas de suas massas.

19. FLUXO DE FORÇA

Quando um corpo está em queda livre, ele adquire uma força de impulso cada vez maior, o que se verifica pelo aumento de sua velocidade, bem como pelo aumento do impacto no momento do choque mecânico.

No presente tratado apresentei o impulso como sendo expresso por:

$$I = v \cdot \sqrt{m}$$

Dividindo ambos os termos pelo decorrido do movimento acelerado, pode-se escrever que:

$$I/t = (v \cdot \sqrt{m})/t$$

Por tal relação, defino o fluxo de força (ϕ) de um corpo em queda livre. Assim, pode-se escrever que:

$$\phi = I/t$$

Como a aceleração gravitacional de um corpo em queda livre pode ser expressa por ($g = v/t$), então se pode concluir que:

$$\phi = g \cdot \sqrt{m}$$

Pela Teoria da Mecânica Clássica, pode-se afirmar que na natureza verifica-se a existência de duas grandes categorias de movimento, a saber:

I - **MOVIMENTOS UNIFORMES** - São aqueles que apresentam impulso constante no decorrer do tempo.

II - **MOVIMENTOS VARIADOS** - São aqueles que apresentam impulso que varia no decorrer do tempo. Segundo a definição apresentada no presente tratado, pode-se afirmar que no movimento uniforme, o impulso apresentado por um dado corpo, calculado em qualquer intervalo de tempo, é sempre o mesmo. Já no movimento variado, o impulso de um dado corpo é variável e este corpo apresenta fluxo constante com o decorrer do tempo.

Ficou demonstrado neste tratado que:

$$Q^2 = I^2 \cdot m$$

Portanto, resulta:

$$Q = I \cdot \sqrt{m}$$

Como: ($Q = m \cdot v$), pode-se escrever que:

$$m \cdot v = I \cdot \sqrt{m}$$

Dividindo ambos os termos pelo tempo (**t**) de duração de queda livre, vem:

$$m \cdot v/t = (I \cdot \sqrt{m})/t$$

Logo vem que:

$$m \cdot g = \phi \cdot \sqrt{m}$$

Como o peso é expresso por ($F = m \cdot g$), resulta que:

$$F = \phi \cdot \sqrt{m}$$

Ou:

$$F^2 = \phi^2 \cdot m$$

Pode-se escrever que:

$$\phi^2 = F^2/m$$

Como ($F^2 = m^2 \cdot g^2$), vem que:

$$\phi^2 = m^2 \cdot g^2/m$$

Portanto:

$$\phi^2 = m \cdot g^2$$

Como ($F = m \cdot g$) , resulta:

$$\phi^2 = F \cdot g$$

Logo, conclui-se que:

$$\phi = (\sqrt{F} \cdot g)$$

No presente tratado foi demonstrada a validade das seguintes relações matemáticas:

a) $\phi = g \cdot \sqrt{m}$
b) $F = \phi \cdot \sqrt{m}$
c) $I = v \cdot \sqrt{m}$

Portanto:

$$\phi/g = F/\phi = I/v$$

Pode-se escrever:

$$F/\phi = I/v$$

$$\phi = F \cdot v/I$$

Sabe-se que a potência é definida como sendo a relação entre o trabalho pelo tempo. Simbolicamente:

$$p = \vartheta/t$$

Como o trabalho do peso é: ($\vartheta = F \cdot h$), vem que:

$$p = F \cdot h/t$$

Como ($h = v^2/2g$)

Vem que:

$$p = (F \cdot v^2/2g)/t$$

Portanto:

$$p = F \cdot v^2/2g \cdot t$$

Como: $(v = g \cdot t)$, resulta:

$$p = F \cdot v^2/2v$$

Logo vem que:

$$p = F \cdot v/2$$

Substituindo convenientemente a referida expressão em:

$$\phi = F \cdot v/I$$

Resulta na seguinte:

$$\phi = 2p/I$$

Ou seja:

$$p = \phi \cdot I/2$$

Assim pode-se enunciar que o peso de um corpo é igual à metade do produto entre o fluxo de força pelo impulso que o mesmo recebeu.

20. EQUAÇÃO HORÁRIA

Todo corpo em movimento transporta intrinsecamente e de forma latente uma força. Tal força manifesta-se claramente no choque mecânico. Por esta razão recebe o nome de "força de impacto clássico". Evidentemente, antes de ocorrer o impacto, pode-se chamar a força latente que o móvel transporta por "impulso".

O valor da força de impacto é expresso por: ($I = v . \sqrt{m}$). Tal equação é válida, tanto para o Movimento Uniforme como para o Movimento Uniformemente Variado. E nisto ela representa um passo além da teoria dinâmica clássica.

A capacidade latente da força de impacto que um móvel adquire, depende de sua velocidade e de sua massa. Assim, qualquer corpo nas proximidades da superfície terrestre é atraído pela ação gravitacional, e a força de impacto contra a superfície da Terra será tanto maior, quanto maior for sua velocidade e sua massa.

No movimento em queda livre o corpo apresenta força latente inicial nula, ($I_0 = 0$). Já no lançamento vertical, o arremessador terá que imprimir ao corpo uma certa força latente inicial ($I_0 \neq 0$), seja no sentido ascendente ou descendente.

Esse tipo de movimento apresenta as seguintes características:

1º) A força de impulso que o móvel apresenta na altura máxima alcançada na sua trajetória é zero, instantaneamente.

2º) A força de impulso no lançamento ascendente é igual a força de impacto na descida (desde que o móvel saia de um ponto e retorne ao mesmo ponto).

3º) A força de impulso, num dado ponto da trajetória, tem os mesmos valores, em módulo, na subida e na descida.

Nesse movimento, pode-se estabelecer as seguintes equações horárias:

$$m = (I^2 - I^2_0)/(v^2 - v^2_0)$$

Pois, pela Mecânica Clássica sabe-se que (**m = constante**). Assim a expressão anterior pode ser escrita na seguinte forma:

$$I^2 - I^2_0 = m \cdot (v^2 - v^2_0)$$

Ou:

$$I^2 = I^2_0 + m \cdot (v^2 - v^2_0)$$

Nos parágrafos anteriores ficou demonstrado que:

$$I = 2p \cdot h$$

Onde: **p** = **peso** do corpo e **h** = **altura** percorrida pelo mesmo.

Portanto, pode-se escrever: ($\Delta I^2 = 2p \cdot \Delta h$). Logo resulta que:

$$I^2 - I^2_0 = 2p \cdot (h - h_0)$$

Desse modo, a referida expressão pode ser escrita da seguinte forma:

$$I^2 = I^2_0 + 2p \cdot (h - h_0)$$

21. DEMONSTRAÇÃO FUNDAMENTAL

O grande cientista inglês Robert Hook (1635-1703), demonstrou que dentro dos limites das deformações elásticas, a força que deforma uma mola é diretamente proporcional à deformação. Simbolicamente, pode-se escrever que:

$$F = k \cdot x$$

Assim a partir da lei das deformações elásticas, pode-se medir qualquer tipo de força.

Agora, considere a seguinte demonstração: Quando um corpo em movimento se choca contra uma mola, ele possui energia cinética que desaparecerá totalmente quando a mola estiver totalmente comprimida.

Sabe-se que a energia cinética do corpo é expressa por:

$$E_c = m \cdot v^2/2$$

Sabe-se que a energia potencial elástica da mola é expressa por:

$$E_p = k \cdot x^2/2$$

Pelo princípio da conservação da energia, pode-se escrever que:

$$E_c = E_p$$

Portanto, substituindo convenientemente as três últimas expressões, resulta que:

$$m \cdot v^2/2 = k \cdot x^2/2$$

Eliminando os termos em evidência, resulta:

$$m \cdot v^2 = k \cdot x^2$$

Assim:

$$x^2 = m \cdot v^2/k$$

Considerando que a constante elástica da mola seja:

$$k = 1$$

Resulta:

$$x^2 = m \cdot v^2$$

Sabendo-se que a força avaliada pela mola é expressa por:

$(F = k \cdot x)$ e como $(k = 1)$, resulta que $(F = x)$

Portanto, pode-se escrever que:

$$F^2 = m \cdot v^2$$

De acordo com a terceira lei de Newton, a força exercida pela mola sobre o corpo será sempre igual em módulo à força exercida pelo corpo sobre a mola. Sendo esta última que me interessa avaliar, por ser uma característica universal do movimento.

Pode-se agora extrapolar e afirmar que, se a mola for eliminada, o corpo se chocará contra a super-fície com a mesma intensidade de força com que se chocaria contra a mola. Ou seja, a força de impacto $(\mathbf{I})$ com que um corpo atinge uma superfície pode ser expressa por:

$(I^2 = F^2)$ ou melhor, $(\sqrt{I^2} = \sqrt{F^2})$, portanto:

$$I = F$$

Ou seja, a intensidade da força de impacto é igual à intensidade de força de deformação do corpo elástico.

22. RESISTÊNCIA DO SOLO

Um bate estaca ao chocar-se contra uma estaca cravada no solo, possui energia cinética (E_c). Esta forma de energia deverá desaparecer totalmente depois que a estaca penetrar uma determinada distância (**d**).

Para estabelecer a resistência do solo à penetração da estaca, considere o teorema da energia cinética.

$$_F\vartheta^{(b\ -\ a)} = E_{cb} - E_{ca}$$

Como ($E_{cb} = 0$), pois ($v_b = 0$)
Então vem que:

$$_F\vartheta^{(b\ -\ a)} = -E_a$$

Em módulo:

$$\left| _F\vartheta^{(b\ -\ a)} \right| = E_{ca}$$

Como ($_F\vartheta^{(b\ -\ a)} = F_r \cdot d$) e como ($F_r = R$)
Portanto vem que:

$$R . d = E_{ca}$$

Logo:

$$R = E_{ca}/d$$

Como

$$E_{ca} = m . v^2/2$$

Resulta que:

$$R = m . v^2/2d$$

Como a força de impacto (**I**) é expressa por:

$$I^2 = m . v^2$$

Então se concluí que:

$$R = I^2/2d$$

Considere também a seguinte demonstração:
Sabe-se que:

$$E = m . v^2/2 \quad \text{e que} \quad v^2 = 2g . h$$

Então, substituindo convenientemente as duas últimas expressões, resulta que:

$$E = 2g \cdot m \cdot h/2$$

Portanto:

$$E = m \cdot g \cdot h$$

Como ($p = m \cdot g$), resulta que:

$$E = p \cdot h$$

Ou seja:

$$m \cdot v^2/2 = p \cdot h$$

Portanto, pode-se concluir:

$$R \cdot d = p \cdot h$$

Assim, a resistência do solo é expresso por:

$$R = p \cdot h/d$$

Desse modo pode-se afirmar que a resistência exercia pelo solo à penetração é igual ao produto entre o peso pela altura de queda do bate estaca divididos pela distância penetrada pela estaca.

23. FORÇA DE RESISTÊNCIA DO ATRITO

Considere que um corpo em repouso sofra a ação de um impulso sobre uma superfície. O atrito do sistema (corpo e superfície) fará o movimento do corpo retardar-se até que este pare ao percorrer certa distância (**d**). Quanto maior for o atrito do sistema, tanto menor será a distância percorrida pelo corpo. E quanto mais polido for o sistema, maior será a distância percorrida pelo corpo.

De tal fenômeno pode-se estabelecer um método experimental simples para a determinação da força de resistência exercida pelo atrito da superfície e do corpo que nela se desloca.

Portanto, para determinar a força média de resistência de atrito oposta pela superfície e o corpo ao movimento, deve-se considerar o seguinte argumento: "O corpo ao se deslocar na superfície com atrito apresenta energia cinética que desaparecerá integralmente após percorrer uma certa distância (**d**)". Então, pelo teorema da energia cinética, pode-se escrever que:

$$_F\vartheta^{(b\text{ - }a)} = (E_{cb} - E_{ca}) = - E_{ca}, \text{ pois } (E_{cb} = 0)$$

Em módulo, pode-se afirmar:

$$\left|_F\vartheta^{(b\text{ - }a)}\right| = E_{ca}$$

Como:

$$(_F\vartheta^{(b\text{ - }a)} = F \cdot d) \text{ e } (E_{ca} = m \cdot v_a^2/2),$$

Vem que:

$$F \cdot d = m \cdot v_a^2/2$$

Como (F) representa a força de resistência do atrito, pode-se escrever que:

$$F = R$$

Portanto:

$$R = m \cdot v^2_a/2d$$

Como: $(I^2_a = m \cdot v^2_a)$, pode-se escrever que:

$$R = I^2/2d$$

Logo se pode afirmar que a força de resistência que um móvel sobre numa superfície com atrito é igual ao quociente do quatro da força de impacto inversa pelo dobro da distância percorrida pelo móvel.

24. RESISTÊNCIA DO AR

Todos os corpos em queda sob a ação da gravidade sofrem a ação de uma força de resistência provocada pelo ar.

A força de resistência que o ar exerce sobre um corpo em movimento, provoca uma alteração em sua velocidade.

Considere um corpo se deslocando num meio resistente, a partir de um ponto (**A**) até um ponto (**B**). Portanto, pode-se escrever que:

$$_F\vartheta^{(b-a)} = E_{cb} - E_{ca}$$

$$_F\vartheta^{(b-a)} = m \cdot v^2_b/2 - m \cdot v^2_a/2$$

$(_F\vartheta^{(b-a)} = F \cdot h)$, onde (h = distância percorrida)

$$F_r \cdot h = m/2 \cdot (v^2_b - v^2_a)$$

$$F_r = m/2h \cdot (v^2_b - v^2_a)$$

Como $(F_r = R)$ e $(\Delta V^2 = v^2_b - v^2_a)$, pode-se escrever que:

$$R = m \cdot v^2/2h$$

Considerando que: $(I^2 = m \cdot v^2)$ e que $(\Delta I^2 = m \cdot \Delta v^2)$, resulta:

$$R = \Delta I^2/2h$$

Portanto pode-se concluir que a força de resistência do atrito exercida pelo ar sobre um corpo em queda livre é igual à variação do quadrado da força de impacto inversa pelo dobro do valor da altura da qual o corpo partiu.

TESE III

ELASTINÂMICA

1. INTRODUÇÃO

A Elastinâmica é a ciência física que procura estudar os fenômenos cinemáticos e dinâmicos em função das deformações elásticas.

2. DEFINIÇÃO DE FORÇA

Força é a grandeza física capaz de provocar acelerações ou deformações.

3. LEI DE ROBERT HOOK

Robert Hook (1635-1703) estabeleceu experimentalmente uma lei física cujo enunciado é o seguinte:

Dentro dos limites das deformações elásticas a força aplicada é diretamente proporcional à deformação resultante.

Simbolicamente pode-se escrever que:

$$\Delta F = k \cdot \Delta x$$

Onde a letra (**k**) representa a constante elástica do corpo. Logo o corpo elástico sofre deformações iguais em intensidade iguais de forças.

4. UNIDADE DE CONSTANTE ELÁSTICA

A unidade de constante elástica é definida como sendo igual ao quociente da unidade de força por unidade de comprimento. Ou seja:

Unidade de Constante Elástica = Unidade de força/Unidade de Comprimento

5. CLASSIFICAÇÃO DAS DEFORMAÇÕES

Quanto ao sentido as deformações podem ser classificadas em:

a) Tração: Quando o sentido da deformação do corpo elástico concordar com a orientação positiva de uma trajetória estabelecida.

b) Compressão: Quando a deformação do corpo elástico ocorrer em sentido contrário à orientação positiva de uma trajetória estabelecida.

6. FUNÇÃO FORÇA

Em regime de deformações elásticas a constante elástica de um corpo é igual ao quociente da variação de força inversa pela variação de deformação. Simbolicamente pode-se escrever que:

$$k = \Delta F/\Delta x$$

Entretanto, ocorre que:

a) $\Delta F = F - F_0$

b) $\Delta x = x - x_0$

Substituindo convenientemente as três últimas expressões, resulta que:

$$k = (F - F_0)/(x - x_0)$$

Considerando que em $(x_0 = 0)$, tem-se uma intensidade de força inicial (F_0) e em $(x \neq 0)$ uma intensidade de força (F) numa deformação qualquer, então se pode escrever que:

$$k = (F - F_0)/x$$

Que vem a resultar na seguinte função:

$$F = F_0 + k \cdot x$$

A referia função expressa a variação de força elástica no decurso da deformação. Nela as grandezas (F_0) e (k) são valores constantes e, portanto, a cada valor de (x) há um correspondente valor de força (F).

7. FORÇA MÉDIA

Em regime de deformações elásticas, a intensidade média de força (F_m), num intervalo de deformação, é calculada como sendo igual à média aritmética das intensidades de forças nas deformações que definem o intervalo considerado.

Simbolicamente pode-se escrever que;

$$F_m = (F_1 + F_2)/2$$

A referida equação caracteriza a propriedade fundamental das deformações em regimes elásticos.

8. PRINCÍPIO DE EQUIVALÊNCIA DINÂMICA

O princípio de equivalência dinâmica, defendido no presente artigo afirma que: *A aceleração é o parâmetro de referência que indica o comportamento da força.*

Em outras palavras: a aceleração representa o nível dinâmico da força. Portanto, simbolicamente, pode-se escrever que:

$$\alpha \approx F$$

9. CONSTANTE CINEMÁTICA

Em regime de deformações elásticas, com a constante elástica invariável, conclui-se que existe uma força elástica que varia de forma uniforme no decorrer do processo de deformação.

No presente estudo ficou bem caracterizado que:

$$k = \Delta F/\Delta x$$

Como a força varia uniformemente no decorrer do processo de deformação, conclui-se que a aceleração também varia uniformemente no decorrer da deformação. Pois o princípio de equivalência dinâmica afirma que a aceleração é o parâmetro de referência que indica o comportamento da força. Portanto, define-se uma grandeza física denominada por "constante cinemática".

A constante cinemática é igual ao quociente da variação da aceleração, inversa pela variação de deformação.

Simbolicamente o referido enunciado é expresso por:

$$c = \Delta\alpha/\Delta x$$

Logo a constante cinemática é uma grandeza associada à elasticidade que mede a variação de aceleração potencial de um corpo elástico no decorrer do processo de deformação. Nem sempre a aceleração indica movimento. Por exemplo, o peso de um corpo é uma força de contato avaliada pela aceleração da gravidade.

Nestas condições o corpo elástico apresenta acelerações iguais em intervalos de deformações iguais. Portanto, a constante cinemática média em qualquer intervalo de deformação apresenta o mesmo valor.

10. UNIDADE DE CONSTANTE CINEMÁTICA

A unidade de constante cinemática é definida como sendo igual ao quociente da unidade de aceleração inversa pela unidade de comprimento. Então se pode escrever que:

Unidade de constante cinemática = Unidade de aceleração/Unidade de comprimento

11. RELAÇÃO ENTRE CONSTANTE ELÁSTICA E CINEMÁTICA

No presente estudo foi apresentada as seguintes relações:

a) $k = \Delta F/\Delta x$
b) $c = \Delta\alpha/\Delta x$

Então, substituindo convenientemente as duas últimas expressões com a eliminação da variável (Δx), vem que:

$$k/c = \Delta F/\Delta\alpha$$

12. CONSTANTE DINÂMICA

Foi demonstrado no presente estudo que:

$$k/c = \Delta F/\Delta\alpha$$

Nesta relação verifica-se que a razão entre a constante de elasticidade (constante elástica) e a constante cinemática resulta numa constante genérica denominado *constante dinâmica de elasticidade*. Simbolicamente ela é representada por:

$$b = k/c$$

Então, substituindo convenientemente as duas últimas expressões, resulta que:

$$b = \Delta F/\Delta\alpha$$

Ou seja:

$$\Delta F = b \cdot \Delta\alpha$$

Esta equação fundamental da Elastinâmica afirma que a variação de força elástica é igual ao produto existente entre a constante dinâmica de elasticidade pela variação de aceleração elástica.

Considere uma mola ligada a um corpo de prova sobre uma superfície lisa horizontal. Quando a mola é esticada, o corpo de prova é submetido a uma

aceleração elástica e (até um certo limite, que evidentemente depende da mola) quanto maior for o alongamento da mola, maior será a aceleração elástica. Como as força aplicadas são proporcionais às deformações, conclui-se que as forças aplicadas são proporcionais à aceleração elástica.
Simbolicamente pode-se escrever que:

$$F (\approx) x \Rightarrow F \approx \alpha$$
$$X (\approx) \alpha \Rightarrow F \approx \alpha$$

13. FUNÇÃO ACELERAÇÃO

No estudo das deformações elásticas, constata-se que a constante cinemática é definida pela relação matemática entre a variação da aceleração pela variação de deformação. Nesse regime elástico a constante cinemática é constante no decorrer das deformações.
Simbolicamente escreve-se que:

$$c = (\alpha - \alpha_0)/(x - x_0)$$

Considerando um ponto da deformação ($x_0 = 0$), tem-se uma aceleração inicial (α_0) e em ($x \neq 0$) tem-se uma aceleração (α) em uma deformação qualquer, então se pode escrever que:

$$c = (\alpha - \alpha_0)x$$

Que resulta na seguinte função:

$$\alpha = \alpha_0 + c \cdot x$$

A referida função caracteriza a variação da aceleração no decorrer da deformação. Nela as grandezas (α_0) e (c) são constantes e, portanto, a cada valor de deformação (x) há um correspondente valor de aceleração (α).

14. ACELERAÇÃO ELÁSTICA MÉDIA

No considerado regime de deformações elásticas, a aceleração média (α_m) num intervalo de deformação, é calculada como sendo igual à média aritmética das acelerações potenciais nas deformações que definem o intervalo considerado.
Simbolicamente pode-se escrever que:

$$\alpha_m = (\alpha_1 + \alpha_2)/2$$

15. FUNÇÃO DINÂMICA

Ficou demonstrado no presente estudo, que a constante dinâmica é igual ao quociente da variação de força, inverso pela variação da aceleração elástica.
Simbolicamente pode-se escrever que:

$$b = (F - F_0)/(\alpha - \alpha_0)$$

Considerando que em ($\alpha_0 = 0$), tem-se uma intensidade de força inicial (F_0) e em ($\alpha \neq 0$) tem-se uma intensidade de força (F), então se pode escrever que:

$$b = (F - F_0)/\alpha$$

Portanto conclui-se que:

$$F = F_0 + b \cdot \alpha$$

A referida função representa a variação da força elástica no decorrer do processo de deformação. Nela as grandezas (F_0) e (b) são constante e, portanto, a cada valor de aceleração elástica (α) há um correspondente valor de intensidade de força elástica.

TESE IV

SÍNTESE DA TEORIA DO DINAMISMO

1. INTRODUÇÃO

Este artigo procura proporcionar uma visão panorâmica muito breve de algumas das principais características da Teoria do Dinamismo. Aqui será apresentada a hipótese fundamental do dinamismo, bem como sua conseqüência na explicação do movimento. Também será conduzida uma investigação da relação existente entre a força, velocidade, movimento e repouso.

2. CONSIDERAÇÕES

1. Considerando que no movimento uniformemente variado a variação de velocidade de um corpo é igual ao produto entre a aceleração pela variação de tempo. Simbolicamente se escreve que: $\Delta v = \alpha . \Delta t$

2. Considerando que o princípio fundamental da dinâmica afirma que a força externa aplicada sobre um corpo é igual ao produto entre sua massa por sua aceleração. Simbolicamente se escreve que: $F = m . \alpha$

3. Considerando que a velocidade dos corpos em queda livre independem da força externa (peso).

4. Considerando que a velocidade de um corpo em queda livre varia uniformemente no decorrer do tempo, muito embora a força externa seja constante.

5. Considerando que a força de impacto de um corpo em queda livre contra a superfície seja tanto maior quanto maior for a velocidade desse corpo, muito embora a força externa permaneça constante.

6. Considerando que uma "força" de natureza muito diferente da força externa seja, parcialmente, responsável pela força de impacto verificado no momento do choque.

7. Considerando que essa força que aumenta com a velocidade é a causa da violência da força de impacto de um móvel contra um anteparo qualquer.

8. Considerando que tal força controla diretamente a velocidade do móvel.

9. Considerando que quanto maior for essa força tanto maior será a velocidade do corpo.

10. Considerando que as propriedades dessa força pode ser obtida por analogia com o comportamento do corpo em movimento.

11. Considerando que essa força é criada quando do o corpo se encontra submetido à ação de uma força externa.

12. Considerando que essa força, uma vez criada, permanece conservada no móvel.

3. DEFINIÇÕES

Força induzida: *Denomino por força induzida a interação que provoca o movimento de qualquer corpo.*

Essa "força" recebeu o nome de *força induzida* porque ela é comunicada ao móvel enquanto o mesmo se encontra sob a ação de uma força externa. Entretanto, cessada a ação da força externa, a força induzida deixa de ser produzida ou criada. Sendo que a quantidade já existente permanece conservada no móvel até que a ação de uma força externa oposta venha a modificar essa quantidade que se encontra conservada.

4. HIPÓTESE

A *variação de força induzida é diretamente proporcional à variação de velocidade de um móvel.* Simbolicamente o referido enunciado pode ser expresso pela seguinte igualdade:

$$\Delta i = e \cdot \Delta v$$

Essa hipótese fundamental da teoria do dinamismo versa sobre a proporcionalidade entre força induzida e velocidade. Ela afirma que quanto maior for a força induzida comunicada e conservada pelo móvel tanto maior será sua velocidade. A constante de proporcionalidade é denominada por estímulo.

5. DEMONSTRAÇÕES

Demonstração I: A hipótese fundamental da Teoria do Dinamismo afirma que a variação da força induzida num corpo é igual ao produto entre o estímulo pela variação de velocidade do corpo. Simbolicamente, o referido enunciado é expresso pela seguinte igualdade:

$$\Delta i = e . \Delta v$$

A cinemática ensina que, no movimento uniformemente variado, a variação de velocidade de um corpo é igual ao produto entre a aceleração pela variação de tempo que o corpo permanece em movimento. Sendo que, simbolicamente, o referido enunciado é expresso por:

$$\Delta v = \alpha . \Delta t$$

Substituindo convenientemente as duas últimas expressões obtém-se que:

$$\Delta i = e . \alpha . \Delta t$$

Considerando que a constante denominada por estímulo é de caráter fundamental e que a aceleração é constante quando o corpo está sob a ação de uma força externa constante, então denomino por impulso o produto existente entre o estímulo pela aceleração do corpo. Sendo que, simbolicamente, o referido enunciado é expresso por:

$$f = e . \alpha$$

Essa expressão é enunciada nos seguintes termos:

O impulso que interage num corpo é igual ao produto entre o estímulo pela aceleração adquirida por esse corpo.

Essa expressão algébrica indica que quanto maior for o impulso, tanto maior será a aceleração adquirida pelo corpo. Também se observa que o estímulo é o elemento que relaciona força induzida e velocidade, bem como também relaciona impulso e aceleração, realizando a unificação entre cinemática e dinâmica, cuja síntese deu origem ao dinamismo.

Demonstração II: Foi demonstrado no presente artigo que a variação da força induzida é igual ao produto existente entre o estímulo, a aceleração e a variação de tempo decorrido de movimento do corpo. Sendo que o referido enunciado é representado simbolicamente pela seguinte igualdade:

$$\Delta i = e . \alpha . \Delta t$$

Sabe-se que o impulso que interage num corpo é igual ao produto entre o estímulo pela aceleração que esse corpo apresenta. Simbolicamente o referido enunciado é expresso por:

$$\Delta i = f . \Delta t$$

Por essa expressão se pode apresentar o seguinte enunciado:

A variação da força induzida num móvel é igual ao produto existente entre o impulso pela variação de tempo decorrido de interação do impulso.

Demonstração III: Foi definido neste artigo que o impulso que interage num corpo é igual ao produto entre o estímulo pela aceleração apresentada por esse corpo. Sendo que o referido enunciado é expresso pela seguinte igualdade:

$$f = e \cdot \alpha$$

Pelo princípio fundamental da dinâmica pode-se afirmar que a ação de uma força externa sobre um corpo é igual ao produto entre a massa desse corpo por sua aceleração. Simbolicamente o referido enunciado é expresso pela seguinte expressão algébrica:

$$F = m \cdot \alpha$$

Substituindo convenientemente as duas últimas expressões, resulta que:

$$f = e \cdot F/m$$

Essa expressão permite apresentar o seguinte enunciado:

O impulso que interage num corpo é igual ao produto entre o estímulo pela intensidade da força externa aplicada sobre esse corpo, inversa pela massa desse mesmo corpo.

Pela última expressão se pode verificar que o impulso que interage num corpo será tanto maior quanto maior for a intensidade da ação da força externa aplicada sobre esse corpo e, tanto menor, quanto maior for a massa do referido corpo.

6. CONSEQÜÊNCIAS

1ª Conseqüência: *A força induzida é comunicada ao móvel pela interação da força externa aplicada sobre o móvel no decorrer do tempo.*

2ª Conseqüência: *O movimento uniformemente variado é caracterizado pela ocorrência de incrementos iguais de velocidades em quantidades de forças induzidas iguais.*

3ª Conseqüência: *No movimento uniformemente variado a variação de velocidade de um móvel é diretamente proporcional à variação de força induzida.*

4ª Conseqüência: *No movimento retilíneo e uniforme a velocidade de um móvel é diretamente proporcional à força induzida que o mesmo conserva.*

5ª Conseqüência: *Somente a ação de uma força externa pode alterar a força induzida e, por conseqüência, a velocidade do móvel.*

6ª Conseqüência: *Somente pela interação da força induzida um móvel mantém o seu estado de movimento retilíneo e uniforme ao infinito, a menos que uma força externa aplicada sobre esse móvel venha a modificar sua força induzida conservada.*

7ª Conseqüência: *O movimento retilíneo uniforme é caracterizado pela constância da força induzida conservada no móvel.*

8ª Conseqüência: *Se a ação de uma força externa oposta extrair totalmente a força induzida conservada, o móvel entrará em repouso.*

9ª Conseqüência: *Na ausência de força induzida um corpo permanece em seu estado de repouso, a menos que uma força externa seja aplicada sobre esse corpo, alterando tal situação ao comunicar-lhe uma força induzida.*

7. PROVAS

Prova 1: No movimento inercial, que é uniforme e retilíneo, embora não haja a ação de nenhuma força externa atuando sobre o móvel, o mesmo manifesta que transporta uma força conservada (força induzida), como se pode verificar quando ocorre um eventual impacto. Sendo que tal força será tanto maior quanto maior for a velocidade do móvel, uma vez que o impacto registrado será tanto maior.

Prova 2: No movimento em queda livre, que é uniformemente variado, embora a ação da força externa aplicada sobre o móvel permaneça constante, o móvel manifesta que transporta uma força conservada (força induzida), como se pode verificar no momento em que ocorre um eventual impacto. Sendo que tal força será tanto maior quanto maior for a velocidade do móvel, uma vez que o impacto registrado também será tanto maior.

8. LEIS

1ª Lei: *A força externa aplicada sobre um corpo é igual ao produto entre a massa desse corpo por sua aceleração.*

2ª Lei: *O impulso que interage num corpo é igual ao produto entre o estímulo pela aceleração apresentada por esse corpo.*

3ª Lei: *A variação de força induzida num móvel é igual ao produto entre o impulso pela variação de tempo decorrido de interação do impulso.*

9. CONCLUSÃO

Dinamismo é o ramo da Física que estuda o movimento e a velocidade em função direta da força induzida. Neste artigo pode se observar como, a partir de uma hipótese fundamental, todo o arcabouço do dinamismo foi montado, e como culminou em três leis que vieram a sintetizar a teoria. Essas leis possuem uma aplicação muito mais ampla do que aquela apresentada no presente artigo, mas isso será motivo para discussão em outros artigos.

TESE V

DINAMISMO E FORÇA DE INÉRCIA

1. INTRODUÇÃO

Dando prosseguimento ao desenvolvimento da Teoria do Dinamismo, este artigo procura apresentar sucintamente alguns passos básicos que deram origem ao conceito de força de inércia.

2. CONSIDERAÇÕES

1. Considerando que a intensidade de impulso que interage num corpo é igual ao produto entre o estímulo pela intensidade de força externa aplicada e, inversa pela massa desse corpo. Simbolicamente pode-se escrever a seguinte relação matemática: **f = e . F/m**

2. Considerando que quanto maior for a força externa aplicada sobre o corpo, tanto maior será o impulso resultante.

3. Considerando que quando a força externa se torna nula, o impulso também se anula.

4. Considerando que quando a força externa permanece constante, o impulso também permanece constante.

5. Considerando que quanto maior for a massa do corpo, tanto menor será o impulso resultante.

6. Considerando que quanto maior for a massa do corpo tanto maior será sua inércia.

7. Considerando que a inércia do corpo manifesta-se como uma força de oposição que a matéria exerce à alteração do seu estado de repouso.

8. Considerando que o impulso comporta-se como uma força resultante, aumentando proporcionalmente com a força externa e diminuindo com a massa do corpo.

9. Considerando que somente uma força pode opor-se a uma outra força.

10. Considerando que a inércia é uma força que se opõe à ação da força externa.

3. DEFINIÇÕES

Força de inércia: *Chamo de força de inércia à oposição oferecida pela matéria à ação da força externa aplicada sobre um corpo localizado no vácuo.*

Tal "força" recebeu o nome de *força de inércia* porque, ao ser aplicada uma força externa sobre um corpo, este passa a exercer uma oposição ou resistência à alteração do seu estado de repouso ou de movimento uniforme retilíneo ao infinito. Porém, uma vez que a força externa venha a vencer a oposição oferecida pela matéria, o corpo passa a manter uma situação de movimento, mesmo depois de cessada a ação da força externa.

4. HIPÓTESE

Considerando que o aumento de intensidade de uma força externa aplicada sobre um corpo acarreta um aumento no impulso, e que o aumento da intensidade da força de inércia, provocada pelo aumento da massa, acarreta uma diminuição na intensidade do impulso, pode-se afirmar que:

A diferença matemática entre a força externa pela força de inércia é igual a uma força resultante denominada por força dinâmica.

Simbolicamente o referido enunciado é expresso pela seguinte igualdade:

$$H = F - I$$

Essa segunda hipótese que enriquece a teoria do dinamismo versa sobre o comportamento da força de inércia diante da força externa com relação à força dinâmica. Essa expressão também diz que a força de inércia é o valor que resulta da diferença entre força externa pela força dinâmica. Ou seja, sob a ação de uma força externa constante, a força de inércia de um corpo será tanto maior quanto menor for a força dinâmica resultante da interação.

5. CONSEQÜÊNCIAS

1ª Conseqüência: *A força de inércia é uma propriedade intrínseca da matéria.*

2ª Conseqüência: *Num mesmo corpo, quanto maior for a força externa aplica sobre o mesmo, tanto maior será a força dinâmica que resulta, entretanto a força de inércia permanece constante.*

3ª Conseqüência: *Quanto maior for a massa de um corpo, tanto maior será a sua força de inércia.*

4ª Conseqüência: *Sob a ação de uma força externa constante, quanto maior for a força de inércia de um corpo, tanto menor será a força dinâmica resultante.*

6. LEIS DO DINAMISMO

1ª Lei: *A força externa aplicada sobre um corpo é igual ao produto entre a massa desse corpo por sua aceleração.*

2ª Lei: *O impulso que interage num corpo é igual ao produto entre o estímulo pela aceleração apresentada por esse corpo.*

3ª Lei: *A força de inércia da matéria é igual à diferença entre a força externa aplica sobre um corpo por sua força dinâmica resultante.*

4ª Lei: *A variação de força induzida num móvel é igual ao produto entre o impulso pela variação de tempo decorrido de interação do impulso.*

7. CONCLUSÃO

A força de inércia é um conceito que foi incorporado à Teoria do Dinamismo como uma explicação viável à inércia da matéria. Esse conceito procura traduzir a propriedade da inércia como uma força intrínseca à matéria. Ele permite o estudo da relação direta entre força externa e força dinâmica. E, como se pode verificar, a partir de uma hipótese fundamental, um novo conceito veio à luz e passou a fazer parte integrante da Teoria do Dinamismo, resultando em uma nova lei do Dinamismo.

TESE VI

CONSEQÜÊNCIAS DA FORÇA DE INÉRCIA

1. INTRODUÇÃO

Toda vez que um corpo é submetido à ação de uma intensidade de força externa constante, parte dela é empregada para vencer a força de inércia e a parte que excedente, emerge numa força dinâmica. Ocorre que a interação entre força externa e força dinâmica resulta num impulso, o qual induz ao móvel uma força chamada por *força induzida*, que varia uniformemente no decorrer do tempo e que se acumula à medida que permanece sob a ação da força externa. Sendo que a força induzida causa a velocidade que o corpo adquire.

2. DEFINIÇÃO QUANTITATIVA DE FORÇA DE INÉRCIA

Na Teoria do Dinamismo, o autor acrescentou a chamada *Teoria da Força de Inércia*. Derivando dela uma lei matemática que pudesse oferecer uma melhor descrição e compreensão do modelo do dinamismo. Essa lei independe das demais leis do Dinamismo e define qualitativamente a força de inércia nos seguintes termos:

A força de inércia é igual à diferença matemática entre a força externa pela força dinâmica. Em termos simbólicos o referido enunciado é expresso pela seguinte igualdade:

$$I = F - H$$

A força de inércia é a oposição que a matéria exerce à alteração do seu estado de inércia, em relação à intensidade de força externa.

1 - Sob a ação de uma força externa constante, quanto maior for a força de inércia, tanto menor será a força dinâmica que resulta da ação da força externa.

2 - Sob a interação de uma força de inércia constante, quanto maior for a força externa, tanto maior será a força dinâmica resultante.

3 - Se a mesma intensidade de força externa for aplicada a dois corpos de massa diferentes, o corpo de menor massa sofrerá uma maior aceleração em relação ao corpo de maior massa. Isto porque a força dinâmica que resulta da força externa, será maior num corpo que apresenta menor força de inércia e menor num corpo que apresenta maior força de inércia.

4 - Essa força é inerente à natureza universal da matéria e se opõe à alteração do seu estado de repouso ou de movimento. O sentido da força de inércia é tal, que se opõe à força externa, alterando a força dinâmica.

3. DEFINIÇÃO QUALITATIVA DE FORÇA DE INÉRCIA

1 - A força de inércia é uma força intrínseca à matéria e que se opõe à alteração do seu estado de repouso ou de movimento.

2 - Portanto, a força de inércia é uma força de resistência que a matéria exerce à alteração do seu estado de repouso, em relação ao referencial da força externa.

3 - Ou seja, a inércia é uma força exercida pela matéria em oposição à força externa aplicada sobre o corpo.

4. CONCEITOS GERAIS

1 - A força de inércia é intrínseca à matéria.

2 - A inércia é uma força que exerce oposição à força externa, provocando variação na força dinâmica.

3 - A força de inércia é "equivalente" nos seus "efeitos cinemáticos" a uma força resistente.

4 - A inércia é uma força que se opõe à "variação" de aceleração.

5 - A inércia é uma força que se opõe à "variação" de impulso.

6 - A força de inércia é uma força que se opõe a toda e qualquer alteração do movimento.

7 - A força de inércia de um móvel é relativa ao sistema de referência considerado.

5. SENTIDO

1 - O sentido da força de inércia é tal, que se opõe ao sentido da força externa.

2 - A força de inércia se opõe a toda e qualquer alteração de movimento.

4 - A força de inércia se opõe à ação da força externa, porém não provoca sua alteração.

5 - A inércia é uma força que se opõe à variação do impulso provocando sua alteração.

6. FORÇA DE INÉRCIA E A QUEDA LIVRE

1 - Como as forças que agem sobre dois corpos em queda livre são medidas por suas forças dinâmicas, torna-se evidente haver alguma outra quantidade que se opõe à força externa de atração gravitacional. Essa quantidade é chamada por força de inércia.

2 - Se não fosse a força de inércia, os corpos pesados cairiam, sob a ação da gravidade, mais rapidamente do que os leves.

7. FORÇA DE INÉRCIA E MASSA

1 - A força de inércia que um móvel apresenta está relacionada com a sua massa. Ela é a "resistente cinemática".

2 - Se a massa de um corpo for grande, sua força de inércia também será grande. Nesse caso o impulso que resulta da força externa é pequena e, portanto, a aceleração é baixa.

3 - Se a massa de um corpo for pequena, a força de inércia será pequena. Nesta condição, o impulso que resulta da força externa é grande e, portanto, adquire uma aceleração elevada.

4 - Uma mesma intensidade de força externa ao ser aplicada a corpos de diferentes massas, ao vencer a oposição da força de inércia, emerge com diferentes impulsos.

5 - A massa é o agente que se opõe à alteração do movimento.

8. *RELAÇÃO ENTRE FORÇA DE INÉRCIA E FORÇA EXTERNA*

Foi apresentado que a força externa que atua sobre um móvel é igual ao produto entre a massa pela aceleração que o corpo apresenta.

Simbolicamente o referido enunciado é expresso por:

$$F = m \cdot \alpha$$

Também foi apresentado que a força de inércia é igual à diferença entre a força externa pelo impulso.

O referido enunciado é expresso simbolicamente por:

$$I = F - H$$

Substituindo convenientemente as duas últimas expressões, vem que:

$$I = m . \alpha - H$$

Assim pode-se concluir que a força de inércia é igual ao produto entre a massa pela aceleração menos a força dinâmica.

A relação entre a força de inércia e a força externa permite afirmar que:

1 - À medida que a aceleração de um móvel aumenta, devido ao aumento da força externa, sua força de inércia aumenta, de tal forma que é necessário uma força externa cada vez maior para vencer a força de inércia.

2 - A força de inércia depende da massa e da variação da força externa aplicada sobre o móvel.

3 - A força de inércia é alterada pela massa do corpo e pela variação da força externa aplicada sobre o móvel.

4 - Quanto maior for a variação da força externa, tanto maior será a força de inércia a ser vencida.

5 - A inércia é uma força que se opõe à ação da força externa aplicada sobre o corpo.

6 - A força de inércia opõe-se à força externa, porém não provoca sua diminuição.

7 - Em relação a uma força externa constante, aplicada sobre um corpo, o móvel acelerado nunca sai do seu estado de repouso.

8 - Para o corpo sair do seu estado de repouso é necessário que ele seja submetido a uma intensidade mínima de força externa que possa vencer a oposição oferecida pela força de inércia.

9 - A força de inércia é uma força de oposição que a matéria exerce à alteração do seu estado de repouso em relação à força externa.

10 - A medida que a aceleração de um móvel aumenta, devido ao aumento da força externa, sua força de inércia aumenta de forma que é necessário uma força cada vez maior para vencer a força de inércia.

9. RELAÇÃO ENTRE FORÇA DE INÉRCIA E FORÇA DINÂMICA

Sabe-se que o impulso é igual ao produto entre o estímulo pela intensidade de força externa, inversa pela massa do corpo acelerado. Sendo que o referido enunciado é expresso simbolicamente pela seguinte igualdade:

$$f = e \cdot F/m$$

Também se sabe que a força de inércia de um corpo é igual à diferença entre a força externa pela força dinâmica.

Simbolicamente o referido enunciado é expresso por:

$$I = F - H$$

Substituindo convenientemente as duas últimas expressões vem que:

$$I = f \cdot m/e - H$$

A relação entre força de inércia e força dinâmica permite afirmar o seguinte:

1 - A força dinâmica é a resultante da força externa, após esta vencer a oposição oferecida pela força de inércia.

2 - A força dinâmica de um móvel é igual à diferença entre a força externa aplicada sobre o corpo pela força de inércia desse corpo.

3 - Quando um corpo é submetido à ação de uma intensidade de força externa, esta deve ser suficiente para superar a oposição oferecida pela força de inércia, para que o corpo possa movimentar-se. E a resultante da força externa manifesta-se sob a forma de uma força dinâmica.

4 - A força externa ao vencer a oposição da força de inércia emerge numa resultante chamada por força dinâmica.

5 - A força externa aplicada num móvel, engloba a força de inércia e a força dinâmica.

6 - A força de inércia é uma força que se opõe à força externa provocando a redução da força dinâmica.

7 - Quanto maior for a massa do móvel, tanto menor será a força dinâmica resultante.

8 - Quanto menor for a massa do móvel, tanto maior será a força dinâmica resultante.

8 - Quanto maior for a força de inércia do móvel, tanto menor será a força dinâmica resultante.

9 - Quanto maior for a massa do móvel, tanto menor será a força dinâmica resultante.

10 - Uma mesma intensidade de força externa ao ser aplicada a corpos de diferentes massas, ao vencer a oposição oferecida pela força de inércia, emerge com diferentes forças dinâmicas.

10. RELAÇÃO ENTRE FORÇA DE INÉRCIA E FORÇA INDUZIDA

Sabe-se que a força de inércia é igual à diferença entre a força externa pela força dinâmica.

Simbolicamente o referido enunciado é expresso por:

$$I = F - H$$

Sabe-se que a variação da força induzida é igual ao produto entre o estímulo, pela força externa, pela variação de tempo, tudo inverso pela massa do corpo. O referido enunciado é expresso simbolicamente por:

$$\Delta i = e \cdot F/m \cdot \Delta t$$

Substituindo convenientemente as duas últimas expressões resulta que:

$$I = \Delta i \cdot m/e \cdot \Delta t - H$$

11. FORÇA DE INÉRCIA E O REPOUSO

1 - É sempre necessário uma força externa mínima para tirar o corpo do seu estado de repouso.

2 - Para que um corpo entre em movimento ou modifique seu estado de movimento é necessário vencer sua inércia.

3 - Um móvel só pode sofre a ação de uma força externa, desde que esta força esteja em repouso relativo com o mesmo, e tenha intensidade suficiente para vencer a força de inércia.

TESE VII

DINAMISMO E FORÇA IMPACTO

1. INTRODUÇÃO AO IMPACTO

A segunda lei de Newton não prevê a existência ou a intensidade de uma força de impacto. Entretanto as leis do Dinamismo prevêem a intensidade da força de impacto como o resultado da soma entre a força de inércia e da força induzida.

Todo móvel transporta uma força denominada por "força motriz". E num eventual choque mecânica essa força é liberada e recebe o nome de "força de impacto".

2. DEFINIÇÃO QUALITATIVA DE IMPACTO

O impacto é a força motriz com que um móvel atinge um corpo ou um anteparo qualquer. Dessa forma pode-se dizer que um móvel ao chocar-se contra um anteparo qualquer libera uma força denominada por força de impacto.

3. FORÇA MOTRIZ

A força motriz transportada por um móvel é definida como sendo igual à soma entre a força induzida com a força de inércia.

Simbolicamente o referido enunciado é expresso pela seguinte igualdade:

$$T = i + I$$

Portanto, as forças de inércia e induzida são as responsáveis pelo grau de violência do impacto num eventual choque mecânico entre os corpos.

4. FORÇA DE IMPACTO

Naturalmente a força motriz transportada por um móvel é a força de impacto liberada pelo móvel num eventual choque mecânico. Desse modo, a força de impacto é igual à intensidade da força motriz.

O referido enunciado é expresso simbolicamente pela seguinte igualdade:

$$T = R$$

No instante em que ocorre a colisão a força motriz é liberada e passa a ser chamada por força de impacto. Ou seja, na colisão a força motriz é igual à força de impacto.

5. PROPRIEDADES DA FORÇA DE IMPACTO

1º - O impacto é uma força interna transportada pelo corpo em seu movimento.

2º - A força de impacto provoca deformações e transmissão de movimento.

3º - Num choque mecânico a força de impacto será tanto maior quanto maior for a velocidade do corpo.

4º - Numa eventual colisão a força de impacto será tanto maior quanto maior for a massa do corpo.

5º - Quanto maior for a força induzida acumulada e transportada pelo móvel, tanto maior será a força de impacto observado no momento de um choque mecânico.

6. SENTIDO

1º - O sentido da força de impacto é tal que coincide com o sentido da *força motriz*.

2º - O sentido da força de impacto é tal que coincide com o sentido da *força induzida*.

7. IMPACTO E MOVIMENTO

Experiências demonstram que corpos de mesma massa e aceleração podem apresentar impactos totalmente diferentes. Isto é explicado pela diferença de força induzida transportada pelo móvel.

8. IMPACTO E A QUEDA LIVRE

Quando se deixa corpos de diferentes pesos ou massa entrarem em queda livre, a partir do mesmo ponto, eles ficam sob a ação de um mesmo impulso gravitacional. E todos atingem o solo com o mesmo valor de força induzida. Entretanto, observam-se diferentes forças de impactos. Isto é explicado pelas diferentes forças de inércia dos corpos.

9. IMPACTO E O MOVIMENTO UNIFORME

1º - Corpos em movimento retilíneo uniforme transportam uma força, manifestando claramente sua existência num eventual choque mecânico.

2º - Um móvel em movimento retilíneo uniforme transporta uma força motriz que manifesta o efeito da força de impacto numa colisão.

3º - A força motriz transportada pelo corpo em movimento retilíneo uniforme, manifesta a sua ação numa eventual colisão entre a matéria.

TESE VIII
GEOMAGNETISMO

1. INTRODUÇÃO

William Gilbert demonstrou pela primeira vez que o planeta Terra funciona como se fosse um grande ímã. Antes dele, a atração que as agulhas magnéticas sofriam em direção ao norte era um fenômeno desconhecido atribuído à Estrela do Norte. Antigamente, supunha-se que a Terra contém em seu interior um poderoso ímã em forma de barra, passando pelo seu centro. Evidentemente tal idéia é apenas imaginária. Na realidade, com base em pesquisas geológicas, as altíssimas temperaturas do centro da Terra não permitem que o ferro ali existente retenha seu magnetismo. Pois se sabe que o corpo perde todas as suas propriedades ferromagnéticas, quando atinge uma determinada temperatura, denominado de *ponto Curie*.

2. TEORIA ATUAL

Sabe-se que a temperatura do núcleo de ferro e níquel da Terra está muito acima de qualquer temperatura Curie. Logo, a causa do campo magnético terrestre não está no ferromagnetismo do núcleo.

Acredita-se que o movimento do núcleo de ferro fundido no centro da Terra gere correntes elétricas, as quais seriam as responsáveis pelo campo magnético terrestre. Porém, tal corrente elétrica teria que ser muito intensa. Desse modo não existe, por enquanto, uma explicação satisfatória para explicar a origem do campo magnético da Terra.

Sabe-se, no entanto, que também os outros planetas e o Sol possuem campos magnéticos.

3. DECLINAÇÃO MAGNÉTICA

Os pólos magnéticos não coincidem exatamente com os pólos geográficos; isto é, o eixo de rotação da Terra e o seu eixo magnético não coincidem. Por esse motivo existem poucos lugares sobre a superfície da Terra em que o meridiano geográfico e o magnético coincidem. Chama-se *declinação magnética* de lugar o ângulo formado por essas duas linhas. Portanto o termo declinação empregado em navegação é a diferença entre a indicação da bússola e o verdadeiro norte, em determinado ponto, na superfície da Terra.

4. DESLOCAMENTOS MAGNÉTICOS

Verificou-se que a declinação magnética varia de um lugar para outro e também varia com o passar do tempo, pois os pólos magnéticos deslocam-se lentamente em relação aos pólos geográficos. Em 1894, em Londres, a declinação era de 17° 0' Oeste; 75 anos depois era 6° 47' Oeste. É totalmente desconhecido o mecanismo que determina o campo magnético da Terra e o seu movimento.

5. PERTURBAÇÕES MAGNÉTICAS

O campo magnético terrestre está sujeito a variações. Uma das causas dessas variações é representada pelas correntes elétricas na ionosfera. Além disso, o campo magnético da Terra é violentamente distorcido pelas tempestades magnéticas, supostamente relacionadas com a atividade magnética do Sol e pelo bombardeio de partículas carregadas, decorrente de explosões solares.

6. UMA NOVA TEORIA

Postulados

a) *Toda carga elétrica em movimento produz um campo magnético.*

b) *O campo magnético da Terra é muito semelhante ao campo magnético originado por uma espira circular percorrida por corrente muito intensa.*

c) *Itens anteriores.*

Então proponho uma teoria que considera um cinturão de partículas elétricas de massa (**m**) e carga elétrica (**e**), retidos na ionosfera, movendo-se com velocidade (**v**), próximo à de rotação da Terra numa órbita quase circular de raio (**R**).

Na verdade, tal cinturão de partículas elétricas podem ser visualizado como uma nuvem de cargas elétricas, girando ao redor de um eixo.

Tal efeito determina um campo magnético idêntico ao de uma espira circular percorrida por uma corrente.

O cinturão de cargas elétricas que circula tal órbita constitui uma corrente elétrica de intensidade igual ao quociente da carga elétrica (**e**), inversa pelo período (**T**) orbital do cinturão, cuja carga elétrica vou considerar em módulo.

Simbolicamente, o referido enunciado é expresso pela seguinte relação:

a) $$i = e/T$$

Pode-se escrever também que:

b) $$i = e \cdot v/2\pi \cdot R$$

Onde a letra (**v**) representa a velocidade e a letra (**R**) o raio da órbita.

Mostra-se na teoria eletromagnética elementar, que uma tal corrente produz um campo magnético equivalente, a grandes distâncias da órbita, a um campo produzido por um dipolo magnético localizado em seu centro e orientado perpendicularmente a seu plano. Para uma corrente elétrica (**i**) numa órbita de área (**A**), o módulo do momento de dipolo magnético orbital (**μ**) do dipolo equivalente é expressa por:

c) $$\mu = i \cdot A$$

E a direção do momento de dipolo magnético é perpendicular ao plano da órbita, no sentido indicado na figura anterior. A figura mostra o campo magnético terrestre produzido pela nuvem elétrica, ou cinturão de corrente.

O momento angular orbital (**L**) e o momento de dipolo magnético orbital (**µ**) dos cinturões que se movem numa órbita (**R**). O campo magnético (**B**) produzido pela nuvem elétrica que constitui o cinturão e que circula, aparece indicado na última figura pelas linhas curvas. Ela mostra também os dois pólos fictícios de um dipolo que produziria um campo magnético idêntico ao real longe da órbita. A grandeza (**µ**) especifica a intensidade do dipolo magnético e é igual ao produto da intensidade dos pólos pela distância que os separa.

O momento angular orbital (**L**), em módulo é expresso por:

d) $$L = m . v . R$$

E cuja direção está indicada na figura anterior.

Calculando (**i**) de (**b**) e (**a**) de um raio circular (**R**) de (**c**), escreve-se que:

$$µ = i . A = e . v . \pi . R^2/2\pi . R$$

Eliminando os termos em evidência, vem que:

$$µ = e . v . R/2$$

Dividindo por (**d**), obtém-se :

$$\mu/L = e . v . R/2m . v . R$$

Eliminando os termos em evidência, vem que:

$$\mu/L = e/2m$$

A razão entre (μ) e (**L**) não depende do tamanho da órbita nem do movimento orbital.

Observe que o comportamento de um momento de dipolo magnético (μ) quando este está sujeito a um campo magnético aplicado (**B**). Na Teoria Eletromagnética Elementar, mostra-se que o dipolo ficará submetido a um torque caracterizado por:

$$r = \mu . B$$

Que tenderá a alinhar o dipolo com o campo e que associado ao torque há uma energia potencial de orientação.

$$\Delta E = - \mu . B$$

O cinturão de partículas elétricas pertence a um plano inclinado de 11° em relação ao plano do Equador.

O campo magnético de uma espira circular é expresso simbolicamente pela seguinte relação:

$$B = \mu_0/2 \ . \ i/R$$

Onde (μ_0) é uma constante denominada por permeabilidade magnética do vácuo; e no Sistema Internacional de Unidades, ela vale:

$$\mu_0 = 4\pi \ . \ 10^{-7} \ T \ . \ m/A$$

Com relação à última expressão, pode-se escrever que:

$$i = 2B \ . \ R/\mu_0$$

Sabe-se que:

$$i = e \ . \ v/2\pi \ . \ R$$

Igualando convenientemente as duas últimas expressões, vem que:

$$e \ . \ v/2\pi \ . \ R = 2B \ . \ R/\mu_0$$

Assim, vem que:

e)

$$e \ . \ v = 4\pi \ . \ B \ . \ R^2/\mu_0$$

Sabe-se que:

$$\mu = e \ . \ v \ . \ R/2$$

Portanto, pode-se escrever que:

$$e \cdot v = 2\mu/R$$

Igualando convenientemente a última expressão com a equação (**e**), vem que:

$$2\mu/R = 4\pi \cdot B \cdot R^2/\mu_0$$

Assim, pode-se escrever que:

$$\mu = 4\pi \cdot B \cdot R^3/2\mu_0$$

Eliminando os termos em evidência, vem que:

$$\mu = 2\pi \cdot B \cdot R^3/\mu_0$$

Para calcular o raio da órbita do cinturão de cargas elétricas, simplesmente basta escrever que:

$$R^3 = \mu_0 \cdot \mu/2\pi \cdot B$$

Sabe-se que o campo magnético da Terra em Washington, d.C. é equivalente a $B = 5,7 \cdot 10^{-5}$ T, e o momento do dipolo magnético da Terra é equivalente a $\mu = 6,4 \cdot 10^{21}$ A - m². Substituindo convenientemente os referidos valores na última expressão, obtém-se um resultado que praticamente coincide com a região onde está localizada a ionosfera.

Portanto, além da atmosfera da Terra, encontram-se várias regiões com grandes quantidades de núcleos atômicos positivos ou íons e elétrons. A absorção de raios X solares e de raios ultravioleta provoca a ionização do ar que, por sua vez, produz várias camadas ionizadas conhecidas como ionosfera. Outra região de partículas carregadas de prótons e elétrons compreende os cintos de radiações de Van Allen, que circundam a Terra a uma distância de, aproximadamente, um raio terrestre a dez raios terrestres. O centro da zona interna está localizado a uma altitude de aproximadamente 3.840 quilômetros, ao passo que a zona externa encontra o seu ponto máximo a uma distância de cerca de 16.000 quilômetros.

Tal cinturão é formado por partículas eletricamente carregadas, originárias principalmente do Sol. São entre outras, prótons e elétrons isolados com uma mistura de núcleos atômicos mais pesados. A intensidade dessas radiaçõcs de partículas é tão grande em determinados pontos, que uma área de 1 cm^2, num único segundo, é atravessada por 50.000 partículas eletricamente carregada, onde $i = n \cdot q/\Delta t$.

É evidente que se o planeta possui um núcleo ferromagnético abaixo da temperatura Curie, tal núcleo ao sofrer interação magnética do cinturão em discussão, ele é imantado, contribuindo enormemente para intensificar o valor do campo magnético do planeta.

7. EFEITOS DAS DIFERENÇAS DE VELOCIDADES

A presente teoria atribui certa diferença de velocidade entre a rotação da Terra e a ionosfera. Isto vem a explicar certos fenômenos, como por exemplo:

a) O fato de que o pólo magnético da Terra está sempre se movendo;

b) O fato de que o pólo magnético e o geográfico sofrem uma declinação;

c) O fato de que o campo magnético sofre uma reversão;

d) O fato de que os pólos magnéticos da Terra estão próximos do geográfico norte e sul.

8. CONCLUSÕES FINAIS

1º - O campo magnético da Terra possui uma inclinação de 11º em relação ao seu eixo de rotação. De ano em ano o campo magnético da Terra sofre uma ligeira alteração. Esta rápida mudança indica que o campo magnético somente pode ser gerado na parte gasosa da Terra, eis que nenhuma região sólida seria capaz de se reorganizar com tremenda rapidez. E a única parte gasosa da Terra é a sua atmosfera.

2º - A única forma concebível de um campo magnético ser gerado na Terra é através do fluxo de correntes elétricas fortíssimas. E a ionosfera terrestre é a zona que apresenta tal capacidade de condução elétrica.

3° - O atrito entre os gases atmosféricos em diferentes camadas provoca o aparecimento de cargas elétricas que correm em círculo e juntas com as partículas elétricas originárias do Sol, forma o campo magnético do planeta.

4° - Dentro dos conceitos da presente teoria, pode-se afirmar que a Terra gira mais rápido do que o manto atmosférico do planeta. Mas como poderia ser explicada essa diferença de velocidade? A solução do problema é que a atmosfera é constituída por gases. Dessa forma, rodopia mais livremente.

5° - Como é constituída por gases, a atmosfera sofre um ligeiro atraso em seu movimento de rotação. Isso faz com que o campo magnético sofra um constante desvio para o oeste.

6° - O campo magnético que envolve a Terra forma-se a partir da ionosfera, que por ser gasosa, gira numa velocidade menor do que a do movimento de rotação do planeta, porém no mesmo sentido.

7° - A atmosfera (cinturão) é atravessada por um eixo imaginário, que está inclinado em relação ao eixo de rotação do planeta. Além dessa inclinação a atmosfera (cinturão) muda de posição à taxa de 1,1 grau por ano. Isso, evidentemente, indica a existência de uma velocidade diferente da atmosfera em relação à Terra. Claro está que se a atmosfera deslocasse exatamente junto com o planeta, seu eixo não sofreria nenhuma mudança de posição em relação ao eixo de rotação da Terra.

TESE IX

MATÉRIA E RADIAÇÃO

1. PRIMEIRA OBSERVAÇÃO

A matéria converte-se em radiação e, por simetria, a radiação converte-se em matéria.

Pode-se facilmente descrever quantitativamente esse fenômeno pela seguinte expressão:

$$h \cdot f + \Delta m \cdot c^2 = 0$$

Onde (**h**) representa a constante de Planck, (**f**) a freqüência do fóton, (**Δm**) a variação de massa convertida em radiação e (**c**) a velocidade da luz.

Massa e radiação são duas manifestações distintas da energia.

2. SEGUNDA OBSERVAÇÃO

Como a energia radiante pode ser convertida em massa de repouso, então fica evidente que a matéria pode ser compreendida por meio de conceitos puramente eletromagnéticos. Em outras palavras, a estrutura da matéria está associada ao magnetismo e à eletricidade.

Para colocar esta hipótese em forma matemática deve-se expressar a conversão da massa (m_t - m_f)

em termos de suas características elétricas e magnéticas.

Maxwell demonstrou que a luz é uma onda eletromagnética que apresenta velocidade (**c**) de propagação expressa por:

$$c^2 = 1/E_0 . \mu_0$$

Onde (**E$_0$**) e (**μ_0**) são, respectivamente, a permissividade elétrica e a permeabilidade magnética do vácuo.

Einstein demonstrou que a energia resultante da conversão da matéria em radiação é expressa por:

$$W = (m_t - m_f) . c^2$$

Substituindo convenientemente as duas últimas expressões, resulta que:

$$W = (m_t - m_f)/E_0 . \mu_0$$

Entretanto, a energia do fóton que constitui a radiação é expressa por:

$$W = h . f$$

Substituindo convenientemente as duas últimas expressões, resulta que:

$$h . f = (m_t - m_f)/E_0 . \mu_0$$

Ou seja:

$$f = (m_t - m_f)/h \cdot E_0 \cdot \mu_0$$

Portanto, vem que:

$$m_t - m_f = h \cdot E_0 \cdot \mu_0 \cdot f$$

Como $(\Delta m = m_t - m_f)$ e como o produto entre $(h \cdot E_0 \cdot \mu_0)$, representa uma constante genérica (α), então pode-se escrever que:

$$\Delta m = \alpha \cdot f$$

Logo, a conversão de massa em radiação é diretamente proporcional à freqüência dessa radiação. Estas expressões relacionam uma grandeza característica elétrica e magnética $(E_0 \cdot \mu_0)$ com uma grandeza característica da matéria (m).

3. TERCEIRA OBSERVAÇÃO

A matéria converte-se em radiação quando é submetida à ação de forças nucleares. Fundamentalmente, a matéria só existe em certas condições estacionárias, nas quais não se converte em radiação. A conversão de matéria em radiação aparece, somente, quando a massa efetua uma mudança de um dado estado, de energia (W) para outro, de menor energia

(W_0). Tal condição é representada pela seguinte equação:

$$h \cdot f = W - W_0$$

Onde ($h \cdot f$) é o *quantum* de energia associada ao fóton que é emitido durante a conversão da matéria em radiação. Evidentemente para se saber as freqüências permitidas, previstas pela equação anterior, será necessário conhecer as energias dos diversos níveis estáveis em que a massa pode existir.

4. QUARTA OBSERVAÇÃO

a) Em vez de continua conversão da massa em radiação, ou vice-versa, a matéria só pode ser convertida em radiação, ou vice-versa, em múltiplos inteiros de (h).

b) A massa é convertida em radiação se a matéria, que apresenta inicialmente uma energia total de repouso (W_t), muda seu estado descontinuamente de maneira a se estabilizar em um novo estado de energia total de repouso (W_f). A freqüência (f) da radiação oriunda da conversão da massa é igual à quantidade ($W_t - W_f$) dividida pela constante de Planck (h).

c) Apesar de estar constantemente submetida a um potencial nuclear, uma partícula presa num desses potenciais possíveis, não se converte em radiação. Portanto sua energia total de repouso (**W**) permanece constante.

d) A matéria tende a se estabilizar em níveis de energias, no qual não é convertida em radiação.

5. POSTULADOS DA TRANSIÇÃO DA MATÉRIA EM ENERGIA

1° - A energia de repouso se equilibra em estados quânticos.

2° - A massa existe em forma de energia de repouso, na qual não irradia.

3° - A irradiação aparece, apenas, quando a massa efetua uma mudança de um dado estado, de energia de repouso (W_0) para outro, de menor energia de repouso (**W**).

4° - Em vez da infinidade de estado de energia de repouso que seriam possíveis pela Mecânica Clássica, a massa só pode ocupar um estado de energia de repouso quantizada, múltiplo inteiro da constante de Planck (**h**).

5° - Apesar de ser uma forma de energia, a massa num desse estado possível de repouso, não emite radiação. Logo sua energia total permanece constante.

6° - É emitida radiação se uma massa, que se encontra inicialmente num estado de energia de repouso total (W_0), muda seu estado descontinuamente de forma a ocupar um estado de energia total (W). A energia da radiação emitida é expressa pela seguinte equação:

$$h \cdot f = W_0 - W$$

Onde a grandeza ($h \cdot f$) representa o quantum de energia associada ao fóton que é emitido pela massa durante sua transição de inércia.

7º - Para se estabelecer as freqüências permitidas, conforme prevista pela equação anterior, será absolutamente necessário conhecer as energias dos diversos estados de repouso em que a massa de uma partícula pode existir. Esse cálculo foi efetuado pelo autor, baseando-se em um modelo específico de partícula maciça por ele imaginado. Tal modelo considera que as massas das partículas apresentam níveis de repouso. Este modelo tem uma tremenda força para influenciar todo o desenvolvimento da transição da matéria em energia e representa um estágio preliminar no desenvolvimento do quadro teórico da Física Nuclear.

8º - O fato de que a energia radiante só pode existir em estado quantizada, leva à quantização da massa. Einstein demonstrou que:

a) $$W_0 = m_0 \cdot c^2$$
b) $$W = m \cdot c^2$$

Entretanto, considerei que a energia emitida entre dois estados da massa é expressa por:

c) $h \cdot f = W_0 - W$

Logo, pode-se escrever a seguinte verdade:

$$h \cdot f = (m_0 - m) \cdot c^2$$

Assim, pode-se concluir que a freqüência da radiação emitida (**f**) é igual à quantidade $(m_0 - m) \cdot c^2$ dividida pela constante de Planck (**h**).

9º - Nestas condições a conversão da matéria em energia não ocorre de forma contínua, mas apenas por meio de "quanta". Essas quantas de energia são irradiadas quando a matéria passa de um para outro de seus estados quantizados.

10º - A matéria não pode ter uma energia de repouso qualquer, mas apenas aquela cujo valor satisfaça a seguinte expressão:

$$W = n \cdot m \cdot c^2$$

11º - Quando (**n**) variar de uma unidade, evidentemente será irradiada pela matéria no processo de sua conversão uma quantidade de energia dada por:

$$\Delta W = \Delta n \cdot m \cdot c^2 = h \cdot f$$

A matéria não se converte em energia radiante e nem absorve enquanto permanecer em um de seus estados quantizados.

12º - A importância dos postulados apresentados encontra-se no fato de que as previsões teóricas obtidas a partir dos postulados devem concordar inteiramente com os resultados experimentais.

TESE X

QUANTIZAÇÃO DA MASSA

1. INTRODUÇÃO

Uma das maiores conseqüências da teoria da Relatividade Especial está fundamentada no fato de que massa é uma forma de energia. Segundo Einstein toda energia (**W**), de qualquer forma particular, presente em um corpo ou transportada por uma radiação, possui inércia, medida pelo quociente do valor da energia pelo quadrado da velocidade da luz (**W**/ c^2). Assim, massa e energia são duas manifestações diferentes da mesma coisa, ou duas propriedades diversas da mesma substância física.

Em 1900, o físico alemão Max Planck, havia formulado uma teoria conhecida como "teoria dos quanta". Considerou que a energia radiante não é emitida ou absorvida de modo contínuo, mas sim em porções descontínuas, *partículas* que transportam, cada qual, uma quantidade de energia (**W**) bem definida. Essas partículas de energia foram denominadas fótons. E a energia (**W**) de cada fóton é denominada quantum.

O quantum (**W**) de energia de freqüência (**f**) é dado por:

$$W = h \cdot f$$

Onde (**h**) é uma constante de proporcionalidade denominada por *constante de Planck*.

2. HIPÓTESES

Fundamentado na equação de Einstein e de Max Planck, podemos estabelecer as seguintes hipóteses:

a) Primeira hipótese

Uma partícula elementar, não pode converter em energia uma quantidade de massa qualquer, mas apenas aquela cujo valor satisfaça à seguinte expressão:

$$h \cdot f = m \cdot c^2$$
$$m = f \cdot h/c^2$$

Como (**h/c²**) é uma constante fundamental, pode-se escrever:

$$m = b \cdot f$$

Onde (**f**) é a freqüência da energia emitida ou absorvida, (**b**) é uma constante genérica.

Assim, a equação que se segue assegura que a massa é quantizada:

$$m = n \cdot b \cdot f$$

Onde (**n**) é um número quântico que só admite valores inteiros.

b)   **Segunda hipótese**

A partícula elementar não perde ou ganha massa continuamente, mas apenas por meio de quanta de energia. Isso implica em quanta de massa. Pois como sabemos, massa e energia são duas manifestações diferentes da mesma coisa. Uma partícula elementar não perde nem ganha massa enquanto permanecer em um de seus estados quantizados. Assim, torna-se evidente que a matéria não ganha ou perde massa sob forma de energia, de modo contínuo, mas em porções descontínuas, *quantidade*, sob forma de quanta.

3. IMPLICAÇÕES

A transformação da massa em energia ocorre de forma discreta, caso contrário seria inconcebível a idéia de fótons.

Então, podem-se levantar duas hipóteses radicais sobre a transformação da matéria em fótons. Tais suposições são formuladas da seguinte maneira:

a)   Um fóton não pode ter origem numa massa qualquer, mas apenas aquela cujo valor satisfaça à seguinte expressão:

$$m = n \cdot K \cdot f$$

Onde a letra (**m**), representa a grandeza massa; (**n**) é um número que só admite valores inteiros; (**K**) é

uma constante; (**f**) é a freqüência do fóton. Tal equação assegura que a massa convertida no fóton é quantizada.

    b)   Os fótons não são convertidos da massa
de forma contínua, mas apenas por meio de "pulsos".
Esses pulsos de massa são transformados quando um
fóton passa de um para outro de seus estados quantizados. Logo, quando (**n**) variar de uma unidade, de
acordo com a equação anterior, será convertida uma
quantidade de massa dada por:

$$m = \Delta n \cdot K \cdot f = K \cdot f$$

    O conceito da transformação da massa em fó-
ton é reversível. Logo, pode-se enunciar o seguinte
postulado: "O ente físico com um grau de liberdade
cuja coordenada é uma função senoidal do tempo pode possuir apenas inércia totais (**m**) que satisfaçam à
expressão (**m = n . K . f**)".

    A palavra coordenada é empregada num senti-
do geral. Significando qualquer quantidade que des-
creva a condição instantânea do ente.

    Então, a formula obtida para (m_{med}) médio nu-
ma somatória é a seguinte:

$$m_{med}\,(f) = K \cdot f/e^{k \cdot f/w} - 1$$

    Onde a letra (**W**), representa um nível energéti-
co de conversão.

TESE XI

DISTRIBUIÇÃO DE ENERGIA

1. EQUAÇÃO FUNDAMENTAL

A equação de distribuição relativística de energia é expressa simbolicamente pela seguinte fórmula.

$$E_{med}(m) = m \cdot c^2/e^{m \cdot c2/h \cdot f} \pm 1$$

A distribuição quântica relativística de energia apresenta E_{med} (**m**) como a possibilidade de existir uma dada energia de um sistema com massa (**m**) caracterizada no intervalo entre (**m**) e (**m** + **dm**), quando o estado da massa para a energia nesse intervalo independe de m.

A referido equação apresenta a expressão de Einstein na transformação da massa em energia (**m** . c^2) onde (**m**) representa a massa de (c^2) a velocidade da luz ao quadrado. Apresenta também, a equação de Planck (**h** . **f**), onde (**f**) represente a freqüência da radiação e (**h**) é conhecida como constante de Planck.

2. FUNÇÃO FUNDAMENTAL

A distribuição de energia que específica certa quantidade provável ou média de certa grandeza de um sistema, como um número de freqüência (**f**), que ocupará o estado quântico relativístico de massa (**m**). Definindo a massa como (**m$_L$** = ± **k . h . f**), de forma que (**k** = ± **m/h . f**), pode-se escrever a função fundamental que se segue:

$$N_L(m) = 1/e^{(m - m_1)/h \cdot f} \pm 1$$

Especificamente tal expressão pode ser apresentada em um caso particular por:

$$N(m) = 1/e^k \cdot e^{m/h \cdot f} \pm 1$$

As referidas expressões de distribuição de energia são conceitos altamente sofisticados para aplicações relativísticas quantizadas, de tal forma que seus conceitos na atualidade é algo altamente abstrato que é difícil expressar o seu significado físico numa forma elementar.

3. LINEARIDADE EQUACIONAL

Uma equação geral que representa a transformação da matéria é expressa simbolicamente por:

$$E_c = m \cdot c^2 - w_0$$

Onde (**E$_c$**) representa a energia cinética da radiação; (**m . c^2**) a equação de Einstein da transformação da massa em energia e (w_0) representa uma energia de repouso que costumo chamar de função repouso.

De acordo com as equações apresentadas, a matéria se transforma em energia e esta em matéria, mantendo o equilíbrio matéria-energia, dentro do sistema.

O sistema aqui considerado somente apresenta significado relevante, quando se trata de alguma estrela.

TESE XII

INTERVALO ATÔMICO

1. DEFINIÇÃO NORMAL

Costumo chamar de *Intervalo Atômico* entre dois níveis de energia a razão entre seus comprimentos de ondas. Sendo (λ_1) e (λ_2) os comprimentos de ondas dos elétrons em dois níveis, com $(\lambda_2 > \lambda_1)$, o intervalo atômico (**a**) se define simbolicamente pela seguinte relação:

$$a = \lambda_2/\lambda_1$$

2. DEFINIÇÃO LOGARITMA

Em vez de indicar o intervalo atômico pela simples relação matemática (Definição Normal) costumo, muitas vezes, fazê-lo pelo logaritmo dela. Desse modo, pode-se escrever que:

$$\log a = \log \lambda_2/\lambda_1$$

Portanto, vem que:

$$\log a = \log \lambda_2 - \log \lambda_1$$

Este modo de indicar os intervalos atômicos apresenta a vantagem de dar às palavras (múltiplo, submúltiplo, quantidade) o sentido familiar à física quântica.

3. SOMA DOS INTERVALOS ATÔMICOS

Considere três níveis cujos comprimentos de ondas sejam respectivamente (λ, λ_1 e λ_2), ordenados pela ordem decrescente, de modo que os intervalos sucessivos entre eles sejam:

a) $\quad a = \lambda/\lambda_1$

b) $\quad a_1 = \lambda_1/\lambda_2$

Costumo chamar por soma (**s**) desses intervalos a seguinte relação:

$$S = \lambda/\lambda_2$$

Que relaciona o comprimento de onda maior e o menor.

Dessa maneira, verifica-se que:

$$a \cdot a_1 = \lambda/\lambda_1 \cdot \lambda_1/\lambda_2$$

Ao eliminar os termos em evidência, resulta que:

$$a \cdot a_1 = \lambda/\lambda_2 = S$$

Ou seja:

$$S = a \cdot a_1$$

De onde se conclui que a soma de dois intervalos atômicos é realmente o produto deles.

Como costumo representar os intervalos atômicos por seus logaritmos, esta expressão adquire o seu verdadeiro sentido. De fato, tornando os logaritmos da última expressão, obtém-se que:

$$\log a + \log a_1 = \log S$$

4. DIVISÃO DE INTERVALO ATÔMICO

Para dividir-se um intervalo atômico (**S**) em um certo número (**n**) de intervalos iguais, deve-se dividir o logaritmo de (**S**) por (**n**).
De fato, sejam:

$$\lambda_n , \lambda_{n-1} , \lambda_{n-2} \ldots \lambda_1 , \lambda_0$$

Os comprimentos de ondas, na ordem decrescente, dos níveis atômicos que podem caracterizar os intervalos iguais e designando por (**a**) cada um deles vem que:

$$a = \lambda_n/\lambda_{n-1} \; ; \; a = \lambda_{n-1}/\lambda_{n-2} \; ; \ldots ; \; a = \lambda_2/\lambda_1 \; ; \; a = \lambda_1/\lambda_0$$

Multiplicando membro a membro tal série de igualdades, vem que:

$$a^n = \lambda_n . \lambda_{n-1} . \ldots . \lambda_2 . \lambda_1/\lambda_{n-1} . \lambda_{n-2} . \ldots . \lambda_1 . \lambda_0$$

Ou:

$$a^n = \lambda_n/\lambda_0$$

Porém, acontece que:

$$S = \lambda_n/\lambda_0$$

Logo, vem que:

$$S = a^n$$

Tomando os logaritmos, pode-se escrever que:

$$N \log a = \log S$$

Ou:

$$\log a = 1 . \log S/N$$

A formula de Balmer permite escrever que:

$$\lambda = 3646 \, n^2/(n^2 - 4)$$

Logo, pode-se estabelecer que:

$$a = \lambda/\lambda_1 = [3646 . n^2/(n^2 - 4)]/[3646 . n^2_1/(n^2_1 - 4)]$$

Ao eliminar os termos em evidência, vem que:

$$a = n^2 . (n^2_1 - 4)/n^2_1 . (n^2 - 4)$$

TESE XIII

MODELO ATÔMICO

1. PREDIÇÃO DE PARA OS NÚMEROS NOBRES

Os conhecidos gases nobres (**Ne**, **A**, **Kr**, **Xe**, **Rn**), apresentam uma estabilidade extremamente singular das camadas eletrônicas com (**Z** = **2**, **10**, **18**, **36**, **54** de **86** elétrons). Tal situação é matematicamente semelhante aos chamados números mágicos. E no caso atômico as indicações são mais pronunciadas do que no caso do modelo nuclear.

A partir de agora passo a chamar o número de elétrons (**Z**) dos gases nobres, simplesmente por "números nobres".

$$Z = 2, 10, 18, 36, 54, 86$$

Para predizer facilmente os valores dos números nobres eu vou alterar a ordenação em Energias das Subcamadas eletrônicas populadas mais extremas para "grupos de Subcamadas de pares ou Gêmeas". Então considere o modelo que se segue:

	NG	GS
CG		
H	5f + 6d + 7p + 8s ——	32
G	4f + 5d + 6p + 7s ——	32
F	4d + 5p + 6s ————	18

E	3d + 4p + 5s ————	18
D	3p + 4s ————	8
C	2p + 3s ————	8
B	2s ————	2
A	1s ————	2

Em tal modelo os valores do lado esquerdo representam o grupo de nomes da Subcamada (**GS**) e os valores do lado direito representam a capacidade do grupo da subcamada (**CG**), e os valores (**A, B, C, D, E, F, G, H**), representam o nome do grupo de subcamadas (**NG**).

Observe que os grupos aparecem dois a dois, por tal motivo pode-se denominá-los por *grupos gêmeos*.

Agora o autor encontra-se em condição de realizar as suas predições para os números nobres em termos do modelo de grupos de subcamadas, conforme proposto no presente artigo. Então seja:

$$Z_2 = A_2 + B_2 = 2$$
$$Z_{10} = A_2 + B_2 + C_8 = 10$$
$$Z_{18} = A_2 + B_2 + C_8 + D_8 = 18$$
$$Z_{36} = A_2 + B_2 + C_8 + D_8 + E_{18} = 36$$
$$Z_{54} = A_2 + B_2 + C_8 + D_8 + E_{18} + F_{18} = 54$$
$$Z_{86} = A_2 + B_2 + C_8 + D_8 + E_{18} + F_{18} + G_{32} = 86$$

Tais valores estão em perfeito acordo com os números nobres conhecidos atualmente. Simplesmente por pura curiosidade vou fazer a predição do próximo número nobre, segundo o modelo apresentado neste artigo. Tal número seria o seguinte:

$$Z_{118} = A_2 + B_2 + C_8 + D_8 + E_{18} + F_{18} + G_{32} + H_{32} = 118$$

Baseado nos referidos resultados, pode-se escrever que:

$Z_2 = 1s + 2s = 2$

$Z_{10} = 1s + 2s + 2p + 3s = 10$

$Z_{18} = 1s + 2s + 2p + 3s + 3p + 4s = 18$

$Z_{36} = 1s + 2s + 2p + 3s + 3p + 4s + 3d + 4p + 5s = 36$

$Z_{54} = 1s + 2s + 2p + 3s + 3p + 4s + 3d + 4p + 5s + 4d + 5p + 6s = 54$

$Z_{86} = 1s + 2s + 2p + 3s + 3p + 4s + 3d + 4p + 5s + 4d + 5p + 6s + 4f + 5d + 6p + 7s = 86$

Em meus estudos pude verificar que a capacidade do grupo das subcamadas, podem ser expressos em termos de uma equação arranjatoria com característica de $(A_{n,2})$. Assim, considere a seguinte tabela:

$$A_{n,2}$$

$$A_{1,2} = 0$$
$$A_{2,2} = 2$$
$$A_{3,2} = 6$$
$$A_{4,2} = 12$$
$$A_{5,2} = 20$$

$$A_{6,2} = 30$$
$$A_{7,2} = 42$$
$$A_{8,2} = 56$$
$$A_{9,2} = 72$$

Então, com relação ao modelo apresentado pelo autor, pode-se escrever que:

Modelo Atômico em Grupos

CG	NG	GS		
	H	$5f + 6d + 7p + 8s$ —— $A_{5,2}$	+
$A_{4,2}$ — 32			
	G	$4f + 5d + 6p + 7s$ —— $A_{5,2}$	+
$A_{4,2}$ — 32			
	F	$4d + 5p + 6s$ ——— $A_{4,2}$	+
$A_{3,2}$ — 18			
	E	$3d + 4p + 5s$ ——— $A_{4,2}$	+
$A_{3,2}$ — 18			
	D	$3p + 4s$ ——— $A_{3,2}$	+
$A_{2,2}$ — 8			
	C	$2p + 3s$ ——— $A_{3,2}$	+
$A_{2,2}$ — 8			
	B	$2s$ ——— $A_{2,2}$	+
$A_{1,2}$ — 2			
	A	$1s$ ——— $A_{2,2}$	+
$A_{1,2}$ — 2			

De acordo com o modelo atômico, pode-se predizer facilmente a capacidade do grupo das subcamadas. Sem nenhum interesse de natureza prática vou apenas por curiosidade predizer a próxima capacidade do grupo das subcamadas em (**I**) e (**J**).

$$
\begin{array}{ll}
\textbf{NG} & \textbf{CG} \\
\textbf{J} \text{\textemdash\textemdash\textemdash} & A_{6,2} + A_{5,2} \text{\textemdash} \\
\textbf{I} \text{\textemdash\textemdash\textemdash} & A_{6,2} + A_{5,2} \text{\textemdash}
\end{array}
$$

50

50

Naturalmente os grupos de níveis devem ser apresentados aos pares, tendo em vista que são gêmeos.

Baseado nas idéias arranjatoria pode-se fazer as seguintes predições de números nobres:

$$Z_2 = A_{2,2} + A_{1,2} = A_{1,2} + A_{2,2} = 2$$

$$Z_{10} = A_{2,2} + A_{1,2} + A_{3,2} + A_{2,2} = A_{1,2} + 2A_{2,2} + A_{3,2} = 10$$

$$Z_{18} = A_{2,2} + A_{1,2} + A_{3,2} + A_{2,2} + A_{3,2} + A_{2,2} = A_{1,2} + 3A_{2,2} + 2A_{3,2} = 18$$

$$Z_{36} = A_{2,2} + A_{1,2} + A_{3,2} + A_{2,2} + A_{3,2} + A_{2,2} + A_{4,2} + A_{3,2} = A_{1,2} + 3A_{2,2} + 3A_{3,2} + A_{4,2} = 36$$

$$Z_{54} = A_{2,2} + A_{1,2} + A_{3,2} + A_{2,2} + A_{3,2} + A_{2,2} + A_{4,2} +$$
$$A_{3,2} + A_{4,2} + A_{3,2} = A_{1,2} + 3A_{2,2} + 4A_{3,2} + 2A_{4,2} = 54$$

$$Z_{86} = A_{2,2} + A_{1,2} + A_{3,2} + A_{2,2} + A_{3,2} + A_{2,2} + A_{4,2} +$$
$$A_{3,2} + A_{4,2} + A_{3,2} + A_{5,2} + A_{4,2} = A_{1,2} + 3A_{2,2} + 4A_{3,2} +$$
$$3A_{4,2} + A_{5,2} = 86$$

Em minhas pesquisas matemáticas demonstrei as seguintes verdades:

$$A_{1,2} = 2 . (A_{0,1}) = 0$$
$$A_{2,2} = 2 . (A_{1,1}) = 2$$
$$A_{3,2} = 2 . (A_{2,1} + A_{1,1}) = 6$$
$$A_{4,2} = 2 . (A_{3,1} + A_{2,1} + A_{1,1}) = 12$$
$$A_{5,2} = 2 . (A_{4,1} + A_{3,1} + A_{2,1} + A_{1,1}) = 20$$

Substituindo os referidos resultados, no modelo atômico aqui apresentado, vem que:

NG   GS   CG
H   5f + 6d + 7p + 8s——— $2 . (A_{4,1} + 2A_{3,1} + 2A_{2,1} + 2A_{1,1})$——— 32
G   4f + 5d + 6p + 7s——— $2 . (A_{4,1} + 2A_{3,1} + A_{2,1} + 2A_{1,1})$———32
F   4d + 5p + 6s ——— $2 . (A_{3,1} + 2A_{2,1} + 2A_{1,1})$———————18
E   3d + 4p + 5s ——— $2 . (A_{3,1} + 2A_{2,1} + 2A_{1,1})$———————18

$$D \quad 3p + 4s \underline{\hspace{2cm}} \quad 2 \;.\; (A_{2,1} + 2A_{1,1})$$
$$\underline{\hspace{3cm}} \quad 8$$
$$C \quad 2p + 3s \underline{\hspace{2cm}} \quad 2 \;.\; (A_{2,1} + 2A_{1,1})$$
$$\underline{\hspace{3cm}} \quad 8$$
$$B \quad 2s \underline{\hspace{2.5cm}} \quad 2 \;.\; (A_{1,1})$$
$$\underline{\hspace{3.5cm}} \quad 2$$
$$A \quad 1s \underline{\hspace{2.5cm}} \quad 2 \;.\; (A_{1,1})$$
$$\underline{\hspace{3.5cm}} \quad 2$$

Cada grupo de subcamada é constituído por uma ou mais subcamadas; assim, o grupo (**A**) é constituído pela subcamada (**1s**); o grupo (**B**) é constituído por uma subcamada representada por (**2s**); o grupo (**C**) é constituído por duas subcamadas, a saber, (**2p + 3s**); o grupo (**D**), também é caracterizado por duas subcamadas representadas por (**3p + 4s**); o grupo (**E**) é constituído por três subcamadas, a saber, (**3d + 4p + 5s**); o grupo (**F**), também é constituído por três subcamadas representadas por (**4d + 5p + 6s**); o grupo (**G**) é caracterizado por quatro subcamadas, a saber, (**4f + 5d + 6p + 7s**) e o grupo (**H**) é representado por quatro subcamadas, a saber, (**5f + 6d + 7p + 8s**).

Desse modo, sendo (**n**) o número de subcamadas que constituem o grupo, pode-se escrever que um grupo qualquer do modelo atômico é expresso por:

$$X \quad \frac{NG}{\underline{\hspace{1.5cm}}} \quad 2 \;.\; (\, 2A_{1,1} + 2A_{2,1} + 2A_{3,1} + \ldots + 2A_{n-1,1} + A_{n,1})$$
$$\text{CG}$$

Fundamentado nos dados anteriores, pode-se representar os números nobres da seguinte maneira:

$Z_2 = 2 . (A_{1,1}) = 2$

$Z_{10} = 2 . (A_{1,1}) + 2 . (A_{2,1} + 2A_{1,1}) = 2 . (3A_{1,1} + A_{2,1})$
$= 10$

$Z_{18} = 2 . (A_{1,1}) = 2 . (A_{2,1} + 2A_{1,1}) + 2 . (A_{2,1} + 2A_{1,1})$
$= 2 . (5A_{1,1} + 2A_{2,1}) = 18$

$Z_{36} = 2 . (A_{1,1}) = 2 . (A_{2,1} + 2A_{1,1}) + 2 . (A_{2,1} + 2A_{1,1})$
$+ 2 . (A_{3,1} + 2A_{2,1} + 2A_{1,1}) = 2 . (7A_{1,1} + 4A_{2,1} + A_{3,1})$
$= 36$

$Z_{54} = 2 . (A_{1,1}) + 2 . (A_{2,1} + 2A_{1,1}) + 2 . (A_{2,1} + 2A_{1,1})$
$+ 2 . (A_{3,1} + 2A_{2,1} + 2A_{1,1}) + 2 . (A_{3,1} + 2A_{2,1} + 2A_{1,1})$
$= 2 . (9A_{1,1} + 6A_{2,1} + 2A_{3,1}) = 54$

$Z_{86} = 2 . (A_{1,1}) + 2.(A_{2,1} + 2A_{1,1}) + 2 . (A_{2,1} + 2A_{1,1}) +$
$2 . (A_{3,1} + 2A_{2,1} + 2A_{1,1}) + 2 . (A_{3,1} + 2A_{2,1} + 2A_{1,1}) +$
$2 . (A_{4,1} + 2A_{3,1} + 2A_{2,1} + 2A_{1,1}) = 2 . (11A_{1,1} + 8A_{2,1}$
$+ 4A_{3,1} + A_{4,1}) = 86$

2. NÚMEROS ALCALINOS

A energia de ionização é particularmente pequena para os elementos alcalinos (**Li, Na, K, Rb, Cs,**

Fr). Eles contêm um único elétron em uma subcamada (**s**), fracamente ligado.

Denominei por número alcalinos os seguintes valores que caracterizam os elementos alcalinos.

$$Z = (3, 11, 19, 37, 55, 87)$$

No modelo atômico em questão, pode-se verificar que:

$Z_3 = (A_2 + B_2) - 1 = 3$ ou $B_2 + 1 = 3$

$Z_{11} = (A_2 + B_2 + C_8) - 1 = 11$ ou $B_2 + C_8 + 1 = 11$

$Z_{19} = (A_2 + B_2 + C_8 + D_8) - 1 = 19$ ou $B_2 + C_8 + D_8 + 1 = 19$

$Z_{37} = (A_2 + B_2 + C_8 + D_8 + E_{18}) - 1 = 37$ ou $B_2 + C_8 + D_8 + E_{18} + 1 = 37$

$Z_{55} = (A_2 + B_2 + C_8 + D_8 + E_{18} + F_{18}) - 1 = 55$ ou $B_2 + C_8 + D_8 + E_{18} + F_{18} + 1 = 55$

$Z_{87} = (A_2 + B_2 + C_8 + D_8 + E_{18} + F_{18} + G_{32}) - 1 = 87$ ou $B_2 + C_8 + D_8 + E_{18} + F_{18} + G_{32} + 1 = 87$

Também, pode-se escrever que:

$Z_3 = (A_{2,2} + A_{1,2}) + (A_{2,2} + A_{1,2}) - 1 = (2A_{2,2}) - 1 = (A_{2,2}) + 1 = 3$

$Z_{11} = (A_{2,2} + A_{1,2}) + (A_{2,2} + A_{1,2}) + (A_{3,2} + A_{2,2}) - 1 = (3A_{2,2} + A_{3,2}) - 1 = (A_{2,2} + A_{1,2}) + (A_{3,2} + A_{2,2}) + 1 = (2A_{2,2} + A_{3,2}) + 1 = 11$

$Z_{19} = (A_{2,2} + A_{1,2}) + (A_{2,2} + A_{1,2}) + (A_{3,2} + A_{2,2}) + (A_{3,2} + A_{2,2}) - 1 = (4A_{2,2} + 2A_{3,2}) - 1 = (A_{2,2} + A_{1,2}) + (A_{3,2} + A_{2,2}) + (A_{3,2} + A_{2,2}) + 1 = (3A_{2,2} + 2A_{3,2}) + 1 = 19$

$Z_{37} = (A_{2,2} + A_{1,2}) + (A_{2,2} + A_{1,2}) + (A_{3,2} + A_{2,2}) + (A_{3,2} + A_{2,2}) + (A_{4,2} + A_{3,2}) - 1 = (4A_{2,2} + 3A_{3,2} + A_{4,2}) - 1 = (A_{2,2} + A_{1,2}) + (A_{3,2} + A_{2,2}) + (A_{3,2} + A_{2,2}) + (A_{4,2} + A_{3,2}) + 1 = (3A_{2,2} + 3A_{3,2} + A_{4,2}) + 1 = 37$

$Z_{55} = (A_{2,2} + A_{1,2}) + (A_{2,2} + A_{1,2}) + (A_{3,2} + A_{2,2}) + (A_{3,2} + A_{2,2}) + (A_{4,2} + A_{3,2}) + (A_{4,2} + A_{3,2}) - 1 = (4A_{2,2} + 4A_{3,2} + 2A_{4,2}) - 1 = (A_{2,2} + A_{1,2}) + (A_{3,2} + A_{2,2}) + (A_{3,2} + A_{2,2}) + (A_{4,2} + A_{3,2}) + (A_{4,2} + A_{3,2}) + 1 = (3A_{2,2} + 4A_{3,2} + 2A_{4,2}) + 1 = 55$

$Z_{87} = (A_{2,2} + A_{1,2}) + (A_{2,2} + A_{1,2}) + (A_{3,2} + A_{2,2}) + (A_{3,2} + A_{2,2}) + (A_{4,2} + A_{3,2}) + (A_{4,2} + A_{3,2}) + (A_{5,2} + A_{4,2}) - 1 = (4A_{2,2} + 4A_{3,2} + 3A_{4,2} + A_{5,2}) - 1 = (A_{2,2} + A_{1,2}) + (A_{3,2} + A_{2,2}) + (A_{3,2} + A_{2,2}) + (A_{4,2} + A_{3,2}) + (A_{4,2} + A_{3,2}) + (A_{5,2} + A_{4,2}) + 1 = (3A_{2,2} + 4A_{3,2} + 3A_{4,2} + A_{5,2}) + 1 = 87$

Também, baseado no modelo apresentado no presente artigo, pode-se estabelecer outro método equacionário de obter os números alcalinos por $(A_{n,1})$. Assim, pode-se escrever que:

$$Z_3 = 2 . (A_{1,1}) + 1 = 3$$
$$Z_{11} = 2 . (3A_{1,1} + A_{2,1}) + 1 = 11$$
$$Z_{19} = 2 . (5A_{1,1} + 2A_{2,1}) + 1 = 19$$
$$Z_{37} = 2 . (7A_{1,1} + 4A_{2,1} + A_{3,1}) + 1 = 37$$
$$Z_{55} = 2 . (9A_{1,1} + 6A_{2,1} + 2A_{3,1}) + 1 = 55$$
$$Z_{87} = 2 . (11A_{1,1} + 8A_{2,1} + 4A_{3,1} + A_{4,1}) + 1 = 87$$

Naturalmente, com o referido método eu poderia deduzir qualquer outro número alcalino mesmo que na natureza não exista o elemento químico correspondente.

3. NÚMEROS HOLOGÊNICOS

Os elementos químicos (**F**, **Cl**, **Br**, **I** e **At**), têm um elétron a menos do que é necessário para completar sua subcamada (**p**). Eles têm alta afinidade eletrônica.

Denominei por números halogênios os seguintes valores que caracterizam os elementos halogênios:

$$Z = (9, 17, 35, 53, 85)$$

Baseado no modelo atômico desenvolvido no presente artigo pode-se escrever que:

$Z_9 = (B_2 + C_8) - 1 = 9$

$Z_{17} = (B_2 + C_8 + D_8) - 1 = 17$

$Z_{35} = (B_2 + C_8 + D_8 + E_{18}) - 1 = 35$

$Z_{53} = (B_2 + C_8 + D_8 + E_{18} + F_{18}) - 1 = 53$

$Z_{85} = (B_2 + C_8 + D_8 + E_{18} + F_{18} + G_{32}) - 1 = 85$

Naturalmente, pode-se escrever que:

$Z_9 = (A_{2,2} + A_{1,2} + A_{3,2} + A_{2,2}) - 1 = (2A_{2,2} + A_{3,2}) - 1 = 9$

$Z_{17} = (A_{2,2} + A_{1,2} + A_{3,2} + A_{2,2} + A_{3,2} + A_{2,2}) - 1 = (3A_{2,2} + 2A_{3,2}) - 1 = 17$

$Z_{35} = (A_{2,2} + A_{1,2} + A_{3,2} + A_{2,2} + A_{3,2} + A_{2,2} + A_{4,2} + A_{3,2}) - 1 = (3A_{2,2} + 3A_{3,2} + A_{4,2}) - 1 = 35$

$Z_{53} = (A_{2,2} + A_{1,2} + A_{3,2} + A_{2,2} + A_{3,2} + A_{2,2} + A_{4,2} + A_{3,2} + A_{4,2} + A_{3,2}) - 1 = (3A_{2,2} + 4A_{3,2} + 2A_{4,2}) - 1 = 53$

$Z_{85} = (A_{2,2} + A_{1,2} + A_{3,2} + A_{2,2} + A_{3,2} + A_{2,2} + A_{4,2} + A_{3,2} + A_{4,2} + A_{3,2} + A_{5,2} + A_{4,2}) - 1 = (3A_{2,2} + 4A_{3,2} + 3A_{4,2} + 4A_{5,2}) - 1 = 85$

Por intermédio de $(A_{n,1})$, pode-se estabelecer as seguintes equações:

$Z_9 = 2 . (3A_{1,1} + A_{2,1}) - 1 = 9$

$Z_{17} = 2 . (5A_{1,1} + 2A_{2,1}) - 1 = 17$

$Z_{35} = 2 . (7A_{1,1} + 4A_{2,1} + A_{3,1}) - 1 = 35$

$$Z_{53} = 2 \cdot (9A_{1,1} + 6A_{2,1} + 2A_{3,1}) - 1 = 53$$

$$Z_{85} = 2 \cdot (11A_{1,1} + 8A_{2,1} + 4A_{3,1} + A_{4,1}) - 1 = 85$$

TESE XIV

MODELO NUCLEAR

Os valores que se seguem são os chamados na Física Nuclear de números mágicos: **Z = 2, 8, 20, 28, 50, 82, 126**

Como núcleos com grandes valores de (**Z**) ainda não foram detectados, não existe uma evidência concreta a favor ou contra de que o número **126** seria um número mágico para prótons. Todavia existe uma recente teoria, segundo a qual o número mágico para prótons após (**Z = 82**) poderia ser (**Z = 114**) e não (**Z = 126**) como estava previsto pelo modelo de camadas. Acredita-se também que (**N = 184**) é um outro número mágico para nêutrons. Entretanto não existem evidências experimentais no que diz respeito aos valores de (**Z**) muito acima de **100** uma vez que os núcleos correspondentes ainda não foram descobertos e, dessa forma ainda não se sabe se (**Z = 126**) é um número mágico.

A mesma teoria que prediz o número mágico (**Z = 114**), também permitiu predizer alguns resultados com fissão espontânea que se mostram em perfeito acordo com a experiência.

Na tentativa de encontrar uma equação que pudesse realizar a previsão dos números mágicos, o autor foi levado à conclusão que os mesmos poderiam ser obtidos empregando o cálculo arrajatório segundo o desenvolvimento de sua teoria matemática.

Diante do apresentado, considere a seguinte relação de números mágicos de nêutrons ou prótons:

Ne ou Z = 2, 8, 20, 28, 50, 82, 126 ou 114, 184

O primeiro número mágico será o número de núcleons necessário para preencher o primeiro nível, ou seja, (**2**). Obtendo o mesmo resultado empregando a equação arranjatória:

$$A_{2,2} = 2$$

O segundo número mágico será o número necessário para preencher os dois primeiros níveis, isto é, (**2 + 6 = 8**). Através do método da equação arrajatória desenvolvido pelo autor em outros artigos, pode-se escrever que:

$$A_{2,2} + A_{3,2} = 8$$

Se as energias do terceiro e do quarto níveis são bastante próximas, então o próximo número mágico será o número de núcleons necessário para preencher os quatro primeiros níveis; ou seja, (**2 + 6 + 10 + 2 = 20**).

Através do método da equação arranjatória, pode-se escrever que:

$$A_{2,2} + A_{3,2} + A_{4,2} = 20$$

Até o presente momento, estes números mágicos concordam com os números mágicos observados: (**2, 8, 20, 28, 50, 82, 126**). Entretanto o quarto número mágico predito sob a hipótese da não existência da interação spin-órbita será o número total de núcleons necessário para preencher os primeiros cinco ou seis níveis de energia, dependendo se a diferença de energia entre o quinto ou sexto nível for considerada pequena ou não. Essas duas possibilidades são, respectivamente (**2 + 6 + 10 + 2 + 14 = 34**) e (**2 + 6 + 10 + 2 + 14 + 6 = 40**), que na teoria arranjatória são caracterizadas respectivamente por:

$$A_{2,2} + (A_{3,2}) + A_{4,2} + A_{5,2} = 34$$

$$A_{2,2} + A_{3,2} + A_{4,2} + A_{5,2} = 40$$

O fenômeno "$(A_{3,2})$" é o que denominei por *Buraco Mágico*.

Em ambos os casos, existem desacordo com o número mágico observado, (**28**). Uma numerologia similar tornará aparente que os números mágicos superiores calculados sob aquela hipótese também estão em desacordo com os valores observados. Com efeito, não é possível remover tal discrepância através de um rearranjo dos espaçamentos - ou mesmo da ordem dos níveis de energia dos núcleons na ausência da interação spin-órbita. Entretanto se existe interação spin-órbita invertida e forte, então os níveis de núcleons se desdobram, de tal forma que não modifica os três primeiros números mágicos já calculados (**2, 8, 20**), conservando o acordo com a experiência. O interesse em introduzir a referida interação é que tal acordo é também verificado com relação aos números mágicos superiores. Então, o número mágico teórico seguinte ao (**20**) é o (**20 + 8 = 28**) que na teoria defendida no presente artigo é caracterizado por:

$$A_{2,2} + A_{3,2} + (A_{4,2}) + A_{5,2} = 28$$

Onde é eliminado o penúltimo fenômeno do Buraco Mágico ($A_{4,2}$), resultando que:

$$A_{2,2} + A_{3,2} + A_{5,2} = 28$$

Dessa forma os demais números mágicos podem ser previstos de forma semelhante. Assim, pode-se escrever que o quinto número mágico é expresso em termos desta teoria, da seguinte forma:

$$A_{2,2} + A_{3,2} + A_{4,2} + (A_{5,2}) + A_{6,2} = 50$$

Onde o penúltimo fenômeno do Buraco Mágico ($A_{5,2}$) é eliminado, resultando que:

$$A_{2,2} + A_{3,2} + A_{4,2} + A_{6,2} = 50$$

O sexto número mágico expresso em termos desta teoria é caracterizado por:

$$A_{2,2} + A_{3,2} + A_{4,2} + A_{5,2} + (A_{6,2}) + A_{7,2} = 82$$

Onde o penúltimo fenômenos do Buraco Mágico $(A_{6,2})$ é eliminado, resultando que:

$$A_{2,2} + A_{3,2} + A_{4,2} + A_{5,2} + A_{7,2} = 82$$

O sétimo número mágico expresso nos termos defendidos pela presente teoria é caracterizado por:

$$A_{2,2} + A_{3,2} + A_{4,2} + A_{5,2} + A_{6,2} + (A_{7,2}) + A_{8,2} = 126$$

Onde o penúltimo fenômeno do Buraco Mágico $(A_{7,2})$ é eliminado, resultando que:

$$A_{2,2} + A_{3,2} + A_{4,2} + A_{5,2} + A_{6,2} + A_{8,2} = 126$$

O oitavo número mágico expresso nos termos apresentados neste artigo é caracterizado por:

$$A_{2,2} + A_{3,2} + A_{4,2} + A_{5,2} + A_{6,2} + A_{7,2} + (A_{8,2}) + A_{9,2} = 184$$

Onde o penúltimo fenômeno do Buraco Mágico $(A_{8,2})$ é eliminado, resultando que:

$$A_{2,2} + A_{3,2} + A_{4,2} + A_{5,2} + A_{6,2} + A_{7,2} + A_{9,2} = 184$$

Considerando a recente teoria, segundo o qual o número mágico para próton após $(Z = 82)$ seria $(Z =$

114) e não (**Z** = **126**). O modelo de camadas prediz que (**N** = **126**) é um número mágico para *neutrons* o que é verificado experimentalmente. Entretanto não existem evidências experimentais no que diz respeito aos valores de números mágicos para *prótons* acima de (**100**) uma vez que os núcleos correspondentes ainda não foram descobertos e, dessa forma, não se sabe se (**Z** = **126**) é um número mágico para *prótons*. As diferenças entre as predições do modelo de camada, com relação aos números mágicos elevados para prótons e para neutrons, vêm do fato dos prótons terem, além do potencial nuclear, um potencial repulsivo coulombiano que se torna importante para valores elevados de (**Z**). Como resultado alguns níveis de energia são levantados em relação a outro nível. Portanto, considerando a interação spi-órbita invertida e forte e a interação coulombiana, o modelo apresentado no presente artigo permite estabelecer a seguinte equação:

$$A_{2,2} + A_{3,2} + (A_{4,2}) + A_{5,2} + A_{6,2} + (A_{7,2}) + A_{8,2} = 114$$

Onde os fenômenos dos Buracos Mágicos ($A_{4,2}$) e ($A_{7,2}$) são eliminados, resultando que:

$$A_{2,2} + A_{3,2} + A_{5,2} + A_{6,2} + A_{8,2} = 114$$

Se o ponto de vista da presente teoria estiver correto, então, o oitavo número mágico para prótons poderá ser o seguinte:

$$A_{2,2} + A_{3,2} + (A_{4,2}) + A_{5,2} + A_{6,2} + A_{7,2} + (A_{8,2}) + A_{9,2}$$
$$= 172$$

Ou o seguinte:

$$A_{2,2} + A_{3,2} + A_{4,2} + (A_{5,2}) + A_{6,2} + A_{7,2} + (A_{8,2}) + A_{9,2}$$
$$= 164$$

Atualmente os cálculos com o modelo coletivo indicam que o melhor compromisso entre as condições de estabilidade exigidas pelos modelos de camadas e da gota líquida é obtido através da remoção de quatro prótons, a fim de reduzir-se a energia coulombiana, a qual é extremamente importante para núcleos de (Z) tão elevados. Tais cálculos prevêem então uma estabilidade máxima em ($Z = 110$) e ($A = 294$); constituído uma ilha de estabilidade em um mar de fissão expontânea.

O valor de ($Z = 110$), também pode ser deduzida da presente teoria. Então, considere o seguinte:

$$(A_{2,2}) + A_{3,2} + A_{4,2} + A_{5,2} + A_{6,2} + A_{7,2} + A_{8,2} + A_{9,2} =$$
$$110$$

Resumindo os referidos resultados, pode-se escrever que:

$$Z_2 = A_{2,2} = 2$$
$$Z_8 = A_{2,2} + A_{3,2} = 8$$

$Z_{20} = A_{2,2} + A_{3,2} + A_{4,2} = 20$

$Z_{28} = A_{2,2} + A_{3,2} + (A_{4,2}) + A_{5,2} = 28$

$Z_{50} = A_{2,2} + A_{3,2} + A_{4,2} + (A_{5,2}) + A_{6,2} = 50$

$Z_{82} = A_{2,2} + A_{3,2} + A_{4,2} + A_{5,2} + (A_{6,2}) + A_{7,2} = 82$

$Z_{126} = A_{2,2} + A_{3,2} + A_{4,2} + A_{5,2} + A_{6,2} + (A_{7,2}) + A_{8,2} = 126$

$Z_{184} = A_{2,2} + A_{3,2} + A_{4,2} + A_{5,2} + A_{6,2} + A_{7,2} + (A_{8,2}) + A_{9,2} = 184$

$Z_{114} = A_{2,2} + A_{3,2} + (A_{4,2}) + A_{5,2} + A_{6,2} + (A_{7,2}) + A_{8,2} = 114$

$Z_{110} = (A_{2,2}) + A_{3,2} + A_{4,2} + A_{5,2} + A_{6,2} + A_{7,2} + (A_{8,2}) + (A_{9,2}) = 110$

Em meus trabalhos de matemática demonstrei que:

$$A_{n,2} = (n^2 - n)$$

Desse modo pode-se concluir que:

$$Z_2 = (n^2_2 - n_2) = 2$$

$$Z_8 = (n^2_2 - n_2) + (n^2_3 - n_3) = 8$$

$$Z_{20} = (n^2_2 - n_2) + (n^2_3 - n_3) + (n^2_4 - n_4) = 20$$

$$Z_{28} = (n^2_2 - n_2) + (n^2_3 - n_3) + [(n^2_4 - n_4)] + (n^2_5 - n_5) = 28$$

$$Z_{50} = (n^2_2 - n_2) + (n^2_3 - n_3) + (n^2_4 - n_4) + [(n^2_5 - n_5)] + (n^2_6 - n_6) = 50$$

$$Z_{82} = (n^2_2 - n_2) + (n^2_3 - n_3) + (n^2_4 - n_4) + (n^2_5 - n_5) + [(n^2_6 - n_6)] + (n^2_7 - n_7) = 82$$

$$Z_{126} = (n^2_2 - n_2) + (n^2_3 - n_3) + (n^2_4 - n_4) + (n_5^2 - n_5) + (n^2_6 - n_6) + [(n^2_7 - n_7)] + (n^2_8 - n_8) = 126$$

E assim, sucessivamente. Nas referidas expressões o valor de (**n**) é o próprio número que o mesmo carrega; assim, por exemplo: ($n_7 = 7$).

É muito interessante observar que a geometria desenvolvida por este autor, caracteriza de alguma forma os valores dos números mágicos, no que se refere ao cálculo da altura do pico de uma reta em relação ao vale da mesma.

Então, para efeito demonstrativo considere a equação elementar do segundo grau, caracterizada simbolicamente por:

$$y = x^2$$

Logicamente, tal equação produz os seguintes pares ordenados:

$$(x_0, y_0); (x_1, y_1); (x_2, y_4); (x_3, y_9); (x_4, y_{16}); (x_5, y_{25})$$

No meu tratado de Geometria afirmo constantemente que a altura (**h**) de uma reta no gráfico leandroniano, representada por um par ordenado (**x, y**) é igual à diferença existente entre o valor do pico (**y**) pelo vale (**x**).

Simbolicamente, o referido enunciado é expresso pela seguinte igualdade:

$$h = y - x$$

Então seja o seguinte par ordenado: (**x₂, y₄**). Logo vem que:

$$h_2 = y_4 - x_2 = 2$$

Tal resultado corresponde ao valor do primeiro número mágico.

Agora considere o seguinte par ordenado: (**x₃, y₉**). Assim, vem que:

$$h_6 = y_9 - x_3 = 6$$

Tal resultado adicionado com o anterior implica que:

$$h_2 + h_6 = 8$$

Sendo que o referido resultado corresponde ao valor do segundo número mágico.

Novamente, considere o seguinte par ordenado: (**x₄, y₁₆**). Então, pode-se escrever que:

$$h_{12} = y_{16} - x_4 = 12$$

Fazendo a adição das duas últimas expressões, vem que:

$$h_2 + h_6 + h_{12} = 20$$

Sendo que tal resultado corresponde ao terceiro número mágico. Considere o seguinte par ordenado: (x_5, y_{25}). Logo se pode escrever que:

$$h_{20} = y_{25} - x_5 = 20$$

Adicionando as duas últimas expressões, resulta que:

$$h_2 + h_6 + h_{12} + h_{20} = 40$$

Eliminando o penúltimo elemento, conforme regras anteriores, vem que:

$$h_2 + h_6 + (h_{12}) + h_{20} = 28$$

Sendo que o referido resultado corresponde ao quarto número mágico. E assim, sucessivamente, encontram-se os restantes dos números mágicos.

Em meus estudos, observando o diagrama de níveis de energia nucleares dispostos abaixo da energia de Fermi, pude verificar que os níveis energéticos e suas capacidades em ordem crescente de energia podem ser reclassificada em "grupos de energia" ou "grupo de níveis". Desse modo até o nível (**4s**), tem-se sete grupos de energia, representados pelas letras (**A, B, C, D, E, F, G**). E cada grupo de energia tem sua capacidade grupal muito bem definida. Então até o nível (**4s**), pode-se escrever que:

G — 1i + 2g + 3d + 4s —
56

F — 1h + 2f + 3p ——
42

E — 1g + 2d + 3s ——
30

D — 1f + 2p ——
20

C — 1d + 2s ——
12

B — 1p ——
6

A — 1s ——
2

É muito interessante observar que em meus estudos cheguei à conclusão que a capacidade grupal de cada nível é caracterizada por uma equação arranjatória representada simbolicamente por:

$$A_{n,2}$$

Onde **n = 2, 3, 4, 5 ...**

Entretanto se (**A = 1**), (**B = 2**), (**C = 3**), (**D = 4**), (**E = 5**), (**F = 6**), e (**G = 7**), pode-se escrever que:

$$A_{G + 1,2} = A_{8,2} = 56$$
$$A_{F + 1,2} = A_{7,2} = 42$$
$$A_{E + 1,2} = A_{6,2} = 30$$
$$A_{D + 1,2} = A_{5,2} = 20$$
$$A_{C + 1,2} = A_{4,2} = 12$$
$$A_{B + 1,2} = A_{3,2} = 6$$
$$A_{A + 1,2} = A_{2,2} = 2$$

Então, com relação ao "grupo de níveis energéticos" no modelo de camadas, pode-se escrever que:

$A_{8,2}$

$A_{7,2}$

$A_{6,2}$

$A_{5,2}$

$A_{4,2}$

$A_{3,2}$

G — 1i + 2g + 3d + 4s —

F — 1h + 2f + 3p ————

E — 1g + 2d + 3s ————

D — 1f + 2p —————

C — 1d + 2s —————

B — 1p ——————

$$A — 1s$$

$$A_{2,2}$$

Novamente, é importante observar que a capacidade grupal permite prever os valores dos números mágicos, empregando as regras anteriormente impostas.
Logo, pode-se escrever que:

$Z_2 = A_{2,2} = 2$

$Z_8 = A_{2,2} + A_{3,2} = 8$

$Z_{20} = A_{2,2} + A_{3,2} + A_{4,2} = 20$

$Z_{28} = A_{2,2} + A_{3,2} + (A_{4,2}) + A_{5,2} = 28$

$Z_{50} = A_{2,2} + A_{3,2} + A_{4,2} + (A_{5,2}) + A_{6,2} = 50$

$Z_{82} = A_{2,2} + A_{3,2} + A_{4,2} + A_{5,2} + (A_{6,2}) + A_{7,2} = 82$

$Z_{126} = A_{2,2} + A_{3,2} + A_{4,2} + A_{5,2} + A_{6,2} + (A_{7,2}) + A_{8,2} = 126$

$Z_{114} = A_{2,2} + A_{3,2} + (A_{4,2}) + A_{5,2} + A_{6,2} + (A_{7,2}) + A_{8,2} = 114$

Então, pode-se concluir que:

$Z_2 = 1s$

$Z_8 = 1s + 1p$

$Z_{20} = 1s + 1p + 1d + 2s$

$Z_{28} = 1s + 1p + (1d) + (2s) + 1f + 2p$

Z_{50} = 1s + 1p + 1d + 2s + (1f) + (2p) + 1g + 2d + 3s

Z_{82} = 1s + 1p + 1d + 2s + 1f + 2p + (1g) + (2d) + (3s) + 1h + 2f + 3p

Z_{126} = 1s + 1p + 1d + 2s + 1f + 2p + 1g + 2d + 3s + (1h) + (2f) + (3p) + 1i + 2g + 3d + 4s

Z_{114} = 1s + 1p + (1d) + (2s) + 1f + 2p + 1g + 2d + 3s + (1h) + (2f) + (3p) + 1i + 2g + 3d + 4s

Naturalmente os grupos de níveis energéticos deverão ser desmembrados em níveis simples de energia e estes por sua vez desdobrados em subníveis de energia, para caracterizarem a ordem de preenchimento dos núcleons.

Também, é muito interessante observar que os grupos de níveis (**A**, **B**, **C**, **D**, **E**, **F**, **G**), caracterizam a quantidade de subníveis. Então, sendo (**A** = 1; **B** = 2; **C** = 3; **D** = 4; **E** = 5; **F** = 6; e **G** = 7), pode-se afirmar que: (**A**) caracteriza um subnível; (**B**) caracteriza dois subníveis e assim sucessivamente. E após ter feito as divisões gráficas dos subníveis, basta fazer a distribuição do número de núcleons do mesmo tipo que podem ocupar o nível correspondente sem violar o princípio de exclusão.

Em meus estudos matemáticos demonstrei que:

$A_{2,2}$ = 2 . ($A_{1,1}$) = 2
$A_{3,2}$ = 2 . ($A_{2,1}$ + $A_{1,1}$) = 6

$A_{4,2} = 2 \cdot (A_{3,1} + A_{2,1} + A_{1,1}) = 12$

$A_{5,2} = 2 \cdot (A_{4,1} + A_{3,1} + A_{2,1} + A_{1,1}) = 20$

$A_{6,2} = 2 \cdot (A_{5,1} + A_{4,1} + A_{3,1} + A_{2,1} + A_{1,1}) = 30$

$A_{7,2} = 2 \cdot (A_{6,1} + A_{5,1} + A_{4,1} + A_{3,1} + A_{2,1} + A_{1,1}) = 42$

$A_{8,2} = 2 \cdot (A_{7,1} + A_{6,1} + A_{5,1} + A_{4,1} + A_{3,1} + A_{2,1} + A_{1,1})$
$= 56$

É muito interessante observar nos referidos resultados, que os mesmos caracterizam os grupos de níveis energéticos representados por: $(A_{2,2} + A_{3,2} + A_{4,2} + A_{5,2} + A_{6,2} + A_{7,2} + A_{8,2})$. Caracterizam os números de subníveis (quando uma interação **S.L** invertida forte é introduzida); assim, por exemplo, no grupo de níveis energéticos $(A_{4,2})$, existem três subníveis representados por: $(A_{3,1} + A_{2,1} + A_{1,1})$. Também, caracterizam desmembradamente os números de núcleons de mesmo tipo que ocupam cada subnível sem violar o princípio de exclusão. Por exemplo, o grupo de níveis energéticos $(A_{5,2})$, é simbolicamente caracterizado por:

$$A_{5,2} = 2 \cdot (A_{4,1} + A_{3,1} + A_{2,1} + A_{1,1}) = 20$$

Tal expressão permite afirmar que o grupo de níveis energéticos $(A_{5,2} = 1f + 2p)$, apresenta uma capacidade grupal de núcleons igual a vinte, sendo que os vintes núcleons estão distribuídos em quatro subníveis de energia conforme demonstra a seguinte expressão $(A_{4,1} + A_{3,1} + A_{2,1} + A_{1,1})$, sendo que a propriedade distributiva na equação $(A_{5,2} = 2A_{4,1} + 2A_{3,1} +$

$2A_{2,1} + 2A_{1,1}$), permite estabelecer o número de núcleons do mesmo tipo que podem ocupar o subnível, sem violar o princípio de exclusão. Logo se pode afirmar que o grupo de níveis energéticos ($A_{5,2}$), apresenta uma capacidade grupal de vinte núcleons que estão distribuídos em quatro subníveis ($A_{4,1} + A_{3,1} + A_{2,1} + A_{1,1}$), sendo que um dos subníveis apresenta ($2A_{4,1} = 8$) núcleons, o outro subnível apresenta ($2A_{3,1} = 6$) núcleons, o outro subnível apresenta ($2A_{2,1} = 4$) núcleons e o último subnível apresenta ($2A_{1,1} = 2$) núcleons.

Tais resultados encontram-se em perfeito acordo com a realidade; entretanto a ordem em que se encontram os subníveis, no exemplo, não está de acordo com a realidade da predição do modelo núclear de camadas. Logicamente um rearranjo na ordem dos subníveis nas equações apresentadas pelo autor, permitirá condizer com a realidade.

Assim, pode-se escrever que:

G — $1i + 2g + 3d + 4s$ — $A_{8,2} =$
$2A_{7,1} + 2A_{5,1} + 2A_{3,1} + 2A_{6,1} + 2A_{4,1} + 2A_{1,1} + 2A_{2,1}$ — 56

F — $1h + 2f + 3p$ — $A_{7,2} =$
$2A_{6,1} + 2A_{5,1} + 2A_{4,1} + 2A_{2,1} + 2A_{3,1} + 2A_{1,1}$ — 42

E — $1g + 2d + 3s$ — $A_{6,2} =$
$2A_{5,1} + 2A_{4,1} + 2A_{3,1} + 2A_{2,1} + 2A_{1,1}$ — 30

$$D — 1f + 2p — A_{5,2} =$$
$$2A_{4,1} + 2A_{2,1} + 2A_{3,1} + 2A_{1,1} — 20$$

$$C — 1d + 2s — A_{4,2} =$$
$$2A_{3,1} + 2A_{1,1} + 2A_{2,1} — 12$$

$$B — 1p — A_{3,2} =$$
$$2A_{2,1} + 2A_{1,1} — 6$$

$$A — 1s — A_{2,2} =$$
$$2A_{1,1} — 2$$

Segundo o presente modelo, tais conjuntos de equações caracterizam em parte o modelo nuclear de camadas.

Desse modo, os números mágicos são caracterizados por:

$$Z_2 = A_{2,2} =$$
$$1 . (2A_{1,1}) = 2$$

$$Z_8 = A_{2,2} + A_{3,2} =$$
$$2A_{1,1} + 2A_{2,1} + 2A_{1,1} =$$
$$2 . (2A_{1,1}) + 1 . (2A_{2,1}) = 8$$

$$Z_{20} = A_{2,2} + A_{3,2} + A_{4,2} =$$
$$2A_{1,1} + 2A_{2,1} + 2A_{1,1} + 2A_{3,1} + 2A_{1,1} + 2A_{2,1} =$$
$$3 . (2A_{1,1}) + 2 . (2A_{2,1}) + 1 . (2A_{3,1}) = 20$$

$Z_{28} = A_{2,2} + A_{3,2} + A_{5,2} =$
$2A_{1,1} + 2A_{2,1} + 2A_{1,1} + 2A_{4,1} + 2A_{2,1} + 2A_{3,1} + 2A_{1,1} =$
$3 \cdot (2A_{1,1}) + 2 \cdot (2A_{2,1}) + 1 \cdot (2A_{3,1}) + 1 \cdot (2A_{4,1}) = 28$

$Z_{50} = A_{2,2} + A_{3,2} + A_{4,2} + A_{6,2} =$
$2A_{1,1} + 2A_{2,1} + 2A_{1,1} + 2A_{3,1} + 2A_{1,1} + 2A_{2,1} + 2A_{5,1} +$
$2A_{4,1} + 2A_{3,1} + 2A_{2,1} + 2A_{1,1} =$
$4 \cdot (2A_{1,1}) + 3 \cdot (2A_{2,1}) + 2 \cdot (2A_{3,1}) + 1 \cdot (2A_{4,1}) + 1 \cdot$
$(2A_{5,1}) = 50$

$Z_{82} = A_{2,2} + A_{3,2} + A_{4,2} + A_{5,2} + A_{7,2} =$
$2A_{1,1} + 2A_{2,1} + 2A_{1,1} + 2A_{3,1} + 2A_{1,1} + 2A_{2,1} + 2A_{4,1} +$
$2A_{2,1} + 2A_{3,1} + 2A_{1,1} + 2A_{6,1} + 2A_{5,1} + 2A_{4,1} + 2A_{2,1} +$
$2A_{3,1} + 2A_{1,1} =$
$5 \cdot (2A_{1,1}) + 4 \cdot (2A_{2,1}) + 3 \cdot (2A_{3,1}) + 2 \cdot (2A_{4,1}) + 1 \cdot$
$(2A_{5,1}) + 1 \cdot (2A_{6,1}) = 82$

$Z_{126} = A_{2,2} + A_{3,2} + A_{4,2} + A_{5,2} + A_{6,2} + A_{8,2} =$
$2A_{1,1} + 2A_{2,1} + 2A_{1,1} + 2A_{3,1} + 2A_{1,1} + 2A_{2,1} + 2A_{4,1} +$
$2A_{2,1} + 2A_{3,1} + 2A_{1,1} + 2A_{5,1} + 2A_{4,1} + 2A_{3,1} + 2A_{2,1} +$
$2A_{1,1} + 2A_{7,1} + 2A_{5,1} + 2A_{3,1}\ 2A_{6,1} + 2A_{4,1} + 2A_{1,1} +$
$2A_{2,1} =$
$6 \cdot (2A_{1,1}) + 5 \cdot (2A_{2,1}) + 4 \cdot (2A_{3,1}) + 3 \cdot (2A_{4,1}) + 2 \cdot$
$(2A_{5,1}) + 1 \cdot (2A_{6,1}) + 1 \cdot (2A_{7,1}) = 126$

$Z_{114} = A_{2,2} + A_{3,2} + A_{5,2} + A_{6,2} + A_{8,2} =$
$2A_{1,1} + 2A_{2,1} + 2A_{1,1} + 2A_{4,1} + 2A_{2,1} + 2A_{3,1} + 2A_{1,1} +$
$2A_{5,1} + 2A_{4,1}\ + 2A_{3,1} + 2A_{2,1} + 2A_{1,1} + 2A_{7,1} + 2A_{5,1} +$
$2A_{3,1} + 2A_{6,1} + 2A_{4,1} + 2A_{1,1} + 2A_{2,1} =$

$5 . (2A_{1,1}) + 4 . (2A_{2,1}) + 3 . (2A_{3,1}) + 3 . (2A_{4,1}) + 2 . (2A_{5,1}) + 1 . (2A_{6,1}) + 1 . (2A_{7,1}) = 114$

Com relação ao modelo atômico de grupos de níveis apresentados neste artigo, deve-se chamar a atenção do leitor para observar o padrão de formação dos grupos de níveis que sempre aparecem dois a dois. Ou seja:

$$\text{IV} \qquad G - 1i + 2g + 3d + 4s \quad \}$$

$$F - 1h + 2f + 3p \ \} \ III$$
$$E - 1g + 2d + 3s \ \} \ III$$

$$D - 1f + 2p \qquad \} \ II$$
$$C - 1d + 2s \qquad \} \ II$$

$$B - 1p \qquad \} \ I$$
$$A - 1s \qquad \} \ I$$

Observando o referido modelo nota-se que, a cada dois grupos de níveis, aparece um nível que caracteriza o par. Tenho chamado os pares (**I, II, III, IV**) de grupos gêmeos.

Os valores (**2, 6, 12, 20, 30, 42, 56**) são caracterizados linearmente pela equação elementar do segundo grau:

$$y = x^2$$

Sob sua forma modular:

$$x - y$$

Ou:

$$x^2 - x$$

Evidentemente a referida equação permite estabelecer os seguintes pares ordenados:

(x_0, y_0); (x_1, y_1); (x_2, y_4); (x_3, y_9); (x_4, y_{16}); (x_5, y_{25}); (x_6, y_{36}); (x_7, y_{49}); (x_8, y_{64})

Empregando a equação modular, pode-se escrever que:

$$(y_4 - x_2) = (x^2_2 - x_2) = A_{2,2} =$$

2

$$(y_9 - x_3) = (x^2_3 - x_3) = A_{3,2} =$$

6

$$(y_{16} - x_4) = (x^2_4 - x_4) = A_{4,2} =$$

12

$$(y_{25} - x_5) = (x^2_5 - x_5) = A_{5,2} =$$

20

$$(y_{36} - x_6) = (x^2_6 - x_6) = A_{6,2} =$$

30

$$(y_{49} - x_7) = (x^2_7 - x_7) = A_{7,2} =$$

42

$$(y_{64} - x_8) = (x^2_8 - x_8) = A_{8,2} =$$

56

Então com relação aos referidos resultados, pode-se escrever que:

$$G - 1i + 2g + 3d + 4s - (x^2_8 - x_8)$$

— 56

$$F - 1h + 2f + 3p \underline{\qquad} (x^2_7 - x_7)$$

— 42

$$E - 1g + 2d + 3s \underline{\qquad} (x^2_6 - x_6)$$

— 30

$$D - 1f + 2p \underline{\qquad} (x^2_5 - x_5)$$

— 20

$$C - 1d + 2s \underline{\qquad} (x^2_4 - x_4)$$

— 12

$$B - 1p \underline{\qquad} (x^2_3 - x_3)$$

— 6

$$A - 1s \underline{\qquad} (x^2_2 -$$

$$x_2) — 2$$

E com relação aos números mágicos, pode-se estabelecer que:

$$Z_2 = A_{2,2} = x^2_2 - x_2$$

$$Z_8 = A_{2,2} + A_{3,2} = (x^2_2 - x_2) + (x^2_3 - x_3) = x^2_2 + x^2_3 - x_2 - x_3$$

$$Z_{20} = A_{2,2} + A_{3,2} + A_{4,2} = (x^2_2 - x_2) + (x^2_3 - x_3) + (x^2_4 - x_4) = x^2_2 + x^2_3 + x^2_4 - x_2 - x_3 - x_4 = x^2_2 + x^2_4$$

$$Z_{28} = A_{2,2} + A_{3,2} + A_{5,2} = (x^2_2 - x_2) + (x^2_3 - x_3) + (x^2_5 - x_5) = x^2_2 + x^2_3 + x^2_5 - x_2 - x_3 - x_5 = x^2_2 + x^2_5 - 1$$

$$Z_{50} = A_{2,2} + A_{3,2} + A_{4,2} + A_{6,2} = (x^2_2 - x_2) + (x^2_3 - x_3) + (x^2_4 - x_4) + (x^2_6 - x_6) = x^2_2 + x^2_3 + x^2_4 + x^2_6 - x_2 - x_3 - x_4 - x_6 = x^2_4 + x^2_6 - 2$$

$$Z_{82} = A_{2,2} + A_{3,2} + A_{4,2} + A_{5,2} + A_{7,2} = (x^2_2 - x_2) + (x^2_3 - x_3) + (x^2_4 - x_4) + (x^2_5 - x_5) + (x^2_7 - x_7) = x^2_2 + x^2_3 + x^2_4 + x^2_5 + x^2_7 - x_2 - x_3 - x_4 - x_5 - x_7 = x^2_6 + x^2_7 - 3$$

$$Z_{126} = A_{2,2} + A_{3,2} + A_{4,2} + A_{5,2} + A_{6,2} + A_{8,2} = (x^2_2 - x_2) + (x^2_3 - x_3) + (x^2_4 - x_4) + (x^2_5 - x_5) + (x^2_6 - x_6) + (x^2_8 - x_8) = x^2_2 + x^2_3 + x^2_4 + x^2_5 + x^2_6 + x^2_8 - x_2 - x_3 - x_4 - x_5 - x_6 - x_8 = x^2_7 + x^2_9 - 4$$

$$Z_{114} = A_{2,2} + A_{3,2} + A_{5,2} + A_{6,2} + A_{8,2} = (x^2_2 - x_2) + (x^2_3 - x_3) + (x^2_5 - x_5) + (x^2_6 - x_6) + (x^2_8 - x_8) = x^2_2 + x^2_3 + x^2_5 + x^2_6 + x^2_8 - x_2 - x_3 + x_5 - x_6 - x_8$$

TESE XV

NÍVEIS ENERGÉTICOS DOS NÚCLEOS

1. INTRODUÇÃO

Para valores de (**Z**) ou (**N**) compreendidos entre números mágicos, os primeiros estados excitados dos núcleos apresentam freqüentemente regularidades previstas pelo modelo coletivo. Como por exemplo, cita-se o núcleo par-par ($^{92}U^{238}$), com os seus respectivos níveis de energia.

Tais níveis energéticos são preditos pela seguinte formula da mecânica quântica:

$$E = i \,.\, (i + 1) \,.\, h^2/2M$$

Tal equação corresponde aos valores permitidos de energia total (**E**) de rotação de um rotor-simétrico. O símbolo (**M**) representa o momento de inércia. Como se trata de um rotor simétrico, apenas valor par do número quântico rotacional (**i**) aparecerão (**i = 0, 2, 4, 6, 8 etc**).

Tal consideração baseia-se no fato de que a autofunção de rotação desse sistema tem a paridade (-1)^i, e assim ela será impar se (**i**) for impar, ou será par se (**i**) for par. Como um núcleo **Z** par-**N** par tem um estado fundamental de paridade par, então, seus estados excitados terão igualmente paridade par. Conseqüentemente, os valores ímpares de (**i**) precisam ser eliminados.

Com relação à últimas expressão, pode-se escrever que:

$$E \cdot M/h^2 = i \cdot (i + 1)/2$$

Com base no diagrama de energia, pode-se apresentar que:

$$
\begin{array}{ll}
n_7 \text{———} & (12^+) \\
n_6 \text{———} & (10^+) \\
n_5 \text{———} & (8^+) \\
n_4 \text{———} & (6^+) \\
n_3 \text{———} & (4^+) \\
n_2 \text{———} & (2^+) \\
n_1 \text{———} & (0^+)
\end{array}
$$

Onde a letra (**n**) representa os níveis de energia dos núcleos, e podem assumir os seguintes valores:

$$n = 1, 2, 3, 4, 5, 6, 7 \text{ etc.}$$

Sabe-se que o número rotacional apresenta os seguintes valores:

$$i = 0, 2, 4, 6, 8, 10, 12 \text{ etc.}$$

Portanto existe uma correspondência biunívoca entre os dois últimos valores.

O número quântico rotacional (**i**) varia de acordo com o conceito de progressão aritmética. Isso porque se trata de uma sucessão de números cuja diferença entre cada um deles, a partir do segundo, e o seu antecessor é sempre a mesma. Essa diferença constante é chamada por *razão da progressão aritmética* (**r**).

Assim, a sucessão:

$$i = 0, 2, 4, 6, 8, 10, 12 \text{ etc.}$$

É uma progressão aritmética; então:

$$r = 2 - 0 = 4 - 2 = 6 - 4 = 8 - 6 = 10 - 8 = 12 - 10 = 2$$

A formula do termo geral, permite escrever que:

$$a = a_1 + (n - 1) \cdot r$$

Porém na presente teoria (**$a_1 = 0$**); então, a últimas expressão se reduz à seguinte:

$$a = (n - 1) \cdot r$$

Mas o valor de (**a**), na realidade, representa o numero quântico rotacional (**i**); então, pode-se escrever que:

$$i = (n - 1) . r$$

Na presente teoria (**r = 2**); portanto, pode-se escrever que:

$$i = 2(n - 1)$$

Na referida expressão a letra (**n**), representa a grandeza denominada por nível de energia (**n = 1, 2, 3, 4 etc.**).
Então substituindo convenientemente a expressão **i = 2(n - 1)** na equação:

$$i . (i + 1)/2$$

Resulta que:

$$i . (i + 1)/2 = \{[2(n - 1)] . [2(n - 1) + 1]\}/2$$

Então, vem que:

$$i . (i + 1)/2 = (n - 1) . [2n - 2 + 1]$$

Então, conclui-se que:

$$i . (i + 1)/2 = (n - 1) . (2n - 1)$$

Evidentemente, pode-se escrever que:

$$n - 1$$

$$\frac{2n - 1}{2n^2 - 2n}$$

$$\frac{- n + 1}{2n^2 - 3n + 1}$$

Logo, vem que:

$$i \cdot (i + 1)/2 = 2n^2 - 3n + 1$$

Tal equação do segundo grau fornece dois valores para os níveis de energia, (um valor positivo e outro negativo).

Agora, pode-se escrever que:

$$E \cdot M/h^2 = 2n^2 - 3n + 1$$

2. FORMULA RESOLUTIVA DA EQUAÇÃO DO SEGUNDO GRAU

Considere que:

$$I = i \cdot (i + 1)/2$$

Como:

$$i \cdot (i + 1)/2 = 2n^2 - 3n + 1$$

Então, pode-se escrever que:

$$I = 2n^2 - 3n + 1$$

que:
A equação do segundo grau permite escrever

$$y = a \cdot x^2 + b \cdot x + c$$

Agora vou apresentar as seguintes passagens:

a) Ao transpor o valor **(c)** para o segundo membro, vem que:

$$a \cdot x^2 + b \cdot x = y - c$$

b) Multiplicando-se os membros por **(4a)**, **(a ≠ 0)**, encontra-se que:

$$4a^2 \cdot x^2 + 4a \cdot b \cdot x = 4a \cdot y - 4a \cdot c$$

c) Adicionando-se **(b²)** aos membros, vem que:

$$4a^2 \cdot x^2 + 4a \cdot b \cdot x + b^2 = 4a \cdot y - 4a \cdot c + b^2$$

d) Fatorando o primeiro membro, resulta:

$$(2a \cdot x + b)^2 = b^2 + 4a \cdot y - 4a \cdot c$$

e) Extraindo a raiz quadrada de ambos os membros, obtém-se que:

$$2a \cdot x + b = \pm \sqrt{b^2 - 4a \cdot c + 4a \cdot y}$$

f) Resolvendo a equação, temos:

$$x = [-b \pm \sqrt{b^2 - 4a \cdot (c + y)}]/2a$$

A equação que se segue ($I = 2n^2 - 3n + 1$), encontra-se relacionada à equação do segundo grau, permitindo afirmar que:

I corresponde a **y**
2 corresponde a **a**
n corresponde a **x**
3 corresponde a **b**
1 corresponde a **c**

Então, substituindo convenientemente tais resultados na equação resolutiva, vem que:

$$n = [3 \pm \sqrt{9 - 4 . 2(1 + I)}]/4$$

Portanto:

$$n = [3 \pm \sqrt{9 - 8 . (1 + I)}]/4$$

Assim:

$$n = [3 \pm \sqrt{9 - 8 + 8 . I}]/4$$

Logo:

$$n = [3 \pm \sqrt{1 + 8 . I}]/4$$

Sabe-se que:

$$I = i \cdot (i + 1)/2$$

Ou seja:

$$I = (i^2 + i)/2$$

Logo, substituindo convenientemente as duas últimas expressões, vem que:

$$n = [3 \pm \sqrt{1 + 8 \cdot (i^2 + i)/2}]/4$$

Eliminando os termos em evidência, vem que:

$$n = [3 \pm \sqrt{1 + 4 \cdot (i^2 + i)}]/4$$

Também, sabe-se que:

$$I = E \cdot M/h^2$$

Logo, pode-se escrever que:

$$n = [3 \pm \sqrt{1 + 8E \cdot M \cdot h^{-2}}]/4$$

3. NOVA FORMA DE CLASSIFICAÇÃO DOS NÍVEIS DE ENERGIA

Considerando que o nível fundamental é zero; ou seja, ($n = 0$), pode-se estabelecer o seguinte diagrama energético:

$$n_6 \underline{\hspace{3cm}} (12^+)$$

$$n_5 \text{——————} (10^+)$$
$$n_4 \text{——————} (8^+)$$
$$n_3 \text{——————} (6^+)$$
$$n_2 \text{——————} (4^+)$$
$$n_1 \text{——————} (2^+)$$
$$n_0 \text{——————} (0^+)$$

Onde a letra (**n**) representa os níveis de energia dos núcleos e podem apresentar os seguintes valores:

$$n = 0, 1, 2, 3, 4, 5, 6, ...$$

Sabe-se que o número quântico rotacional apresenta os seguintes valores:

$$i = 0, 2, 4, 6, 8, 10, 12, ...$$

Naturalmente existe uma correspondência entre o nível de energia e o número quântico rotacional, de tal forma que essa correspondência obedece à seguinte equação linear:

$$i = 2n$$

Assim, substituindo convenientemente a referida expressão, na seguinte equação:

$$i \cdot (i + 1)/2$$

Vem que:

$$i \cdot (i + 1)/2 = [2n \cdot (2n + 1)]/2$$

Eliminando os termos em evidência, vem que:

$$i \cdot (i + 1)/2 = n \cdot (2n + 1) = 2n^2 + n$$

Então, pode-se concluir que:

$$E \cdot M/h^2 = 2n^2 + n$$

Tal expressão caracteriza a equação anteriormente deduzida. Resolvendo a equação do segundo grau, pode-se escrever que:

$$ax^2 + x = y$$
$$x = [-b \pm \sqrt{b^2 - 4a} \cdot y]/2a$$

Apresentada na forma incompleta. Então a equação ($I = 2n^2 + n$), relacionada com a equação incompleta do segundo grau, permite estabelecer as seguintes correspondências:

I corresponde a y
2 corresponde a a
n^2 corresponde a x^2
n corresponde a x

Então, substituindo tais resultados na equação resolutiva, vem que:

$$n = [\pm \sqrt{4 . 2 . I}]/2 . 2$$

Portanto, vem que:

$$n = [\pm \sqrt{8 . I}]/4$$

Como $(I = i^2 + i/2)$; então, pode-se escrever que:

$$n = [\pm \sqrt{8} . (i^2 + i)/2]/4$$
$$n = [\pm \sqrt{4} . (i^2 + i)]/4$$

Também, sabe-se que:

$$I = E . M/h^2$$

Logo, pode-se escrever que:

$$n = [\pm \sqrt{8} . E . M . h^{-2}]/4$$

TESE XVI

ENERGIA DE LIGAÇÃO DO NÊUTRON

I - O átomo é constituído basicamente por três partículas fundamentais, a saber: o próton apresenta carga elétrica positiva; o nêutron é eletricamente neutro, ambos estão presentes no núcleo atômico e o elétron apresenta carga elétrica negativa e órbita o núcleo atômico.

As experiências têm demonstrado que a massa do nêutron é de $1,67482 . 10^{-27}$ Kg, já a massa do próton é de $1,67252 . 10^{-27}$ Kg e a massa do elétron é de $9,1091 . 10^{-31}$ Kg.

II - Ao contrário do próton e do elétron, o nêutron desintegra-se em poucos minutos isolado do núcleo. Essa desintegração radiativa se dá por emissão de um elétron e transformação do nêutron em próton.

III - Ocorre que a massa de um elétron e a de um próton somadas é de $1,67343091 . 10^{-27}$ Kg.

IV - Comparativamente a massa do nêutron é maior que a soma das massas do próton e do elétron em $0,00139 . 10^{-27}$ Kg.

V - A discrepância observada equivale à energia de:

$$E = \Delta m . c^2$$
$$E = 0,00139 . 10^{-27} \text{ Kg} . 3,00 . 10^8 \text{ m/s}^2$$

$$E = 0,00139 \cdot 10^{-27} \, Kg \cdot 9,00 \cdot 10^{16} \, m/s^2$$
$$E = 0,001251 \cdot 10^{-11} \, Joule$$
$$E = 1,251 \cdot 10^{-13} \, Joule$$

VI - Numa interpretação pode ser levantada as seguintes hipóteses:

1ª) Quando um nêutron desintegra em um elétron e um próton, essa quantidade de energia é emitida sob a forma de radiação gama. De forma semelhante a mesma quantidade de energia deve ser acrescentada na combinação de um elétron e um próton na formação do nêutron. Esta energia pode ser chamada pelo sugestivo nome de "energia de consistência do nêutron".

2ª) Uma outra hipótese levantada consistiria em admitir que na desintegração do nêutron, ele além de decompor-se num elétron e num próton, também se decomporia numa terceira partícula, cuja massa seria de $0,00139 \cdot 10^{-27} \, Kg$.

3ª) Também poderia ser considerada a hipótese de que o nêutron além de decompor-se num elétron, num próton e numa terceira partícula, ele também poderia emitir radiação gama. Nessas condições a massa da terceira partícula seria menor do que $0,00139 \cdot 10^{-27} \, Kg$ e a energia da radiação gama emitida seria menor que $1,251 \cdot 10^{-13} \, Joule$.

4ª) Uma outra hipótese seria considerar a interpretação do fenômeno pela interação dos partons ou méson.

TESE XVII

PARTONS OU MÉSON

Pela escala atômica de massas, sabe-se que a unidade de massa equivale aproximadamente a **1,66.10^{-27} Kg**. Em tal escala a massa do próton vale **1,00731** e a do nêutron corresponde a **1,00867**. Verifica-se que a massa do próton é menor que a massa do nêutron. Eu sempre achei um grande mistério a existência de tal fato. Por este motivo procurei uma explicação lógica para saber porque a massa do próton é quase igual à massa do nêutron.

Calculando a diferença entre as duas massas, tem-se o seguinte resultado:

Nêutron	**1,00867**
Próton	**1,00731 -**
Diferença	**0,00136**

Ou seja, a diferença das massas do nêutron e do próton é de **0,00136** unidade atômica de massa. Tal discrepância equivale à energia:

$E = m.c^2$

$E = 0,00136 . 1,66.10^{-27} \text{ Kg} . 3,00.10^8 \text{ m/s}^2$

$E = 0,0067728 . 10^{-19} \text{ Joule}$

$E = 0,004233 \text{ eV}$

A princípio pode-se pensar que esta diferença energética esteja diretamente relacionada com o fato do próton possuir carga elétrica positiva. E pode-se estabelecer a seguinte proporcionalidade:

$$0,004233 \text{ eV} = 1,6.10^{-19} \text{ C}$$

Porém, parece que uma interpretação correta está em relacionar a referida discrepância energética com a própria estrutura subatômica do próton e nêutron.

As partículas puntiformes que compõem o próton, receberam o nome de *partons*, entretanto, podem ser *quarks* ligados. Então, quando os quarks se combinam para formar a estrutura do próton, provavelmente essa quantidade de energia é emitida sob a forma de radiação gama. E também essa deve ser a mesma quantidade de energia a ser acrescentada ao próton para decompô-lo em um nêutron. Tal energia pode ser chamada por *energia de ligação do próton*.

Pode-se também levantar a hipótese de que a diferença energética está relacionada com a existência do próton mais um méson π^-.

Ou ainda que, o próton seria um nêutron adicionado a uma partícula elétrica de massa **0,00136**, em sua estrutura.

Se for verdadeira a hipótese de que, uma partícula de massa **0,00136** se junta a um nêutron para formar um próton; então é possível que uma partícula de massa **0,00136** se junte a uma partícula "**x**" para formar o elétron.

TESE XVIII

FRAGMENTAÇÃO ELÉTRICA

A título de ilustração, considere que três resistores estejam associados em paralelo, ligados pelos terminais, de modo que fiquem submetidos à mesma diferença de potencial (**ddp**).

Quando a corrente (**i**) do circuito principal percorre os resistores associados, ela divide-se em valores (i_1, i_2 e i_3) de modo que:

$$i = i_1 + i_2 + i_3$$

Para avaliar que proporção de corrente (**i**) do circuito principal sofre o fenômeno de *fragmentação* (**f**), defino a seguinte grandeza adimensional:

a) $f_1 = i_1/i$
b) $f_2 = i_2/i$
c) $f_3 = i_3/i$

Que somadas, obtemos:

$$f_1 + f_2 + f_3 = i_1/i + i_2/i + i_3/i = (i_1 + i_2 + i_3)/i = i/i$$

Portanto, podemos concluir que:

$$f_1 + f_2 + f_3 = 1$$

Pela lei de Ohm:

$$U = R_1 \cdot i_1 = R_2 \cdot i_2 = R_3 \cdot i_3$$

Como:

$$f_1 = i_1/i, \quad f_2 = i_2/i, \quad f_3 = i_3/i$$

Temos que:

$$U = R_1 \cdot f_1 \cdot i = R_2 \cdot f_2 \cdot i = R_3 \cdot f_3 \cdot i$$

Logo:

$$U/i = R_1 \cdot f_1 = R_2 \cdot f_2 = R_3 \cdot f_3$$

Como (U/i) corresponde ao resistor equivalente (**R**), submetida a diferença de potencial (**U**) da associação, temos que:

$$R = R_1 \cdot f_1 = R_2 \cdot f_2 = R_3 \cdot f_3$$

Ou seja:

a) $f_1 = R/R_1$
b) $f_2 = R/R_2$
c) $f_3 = R/R_3$

Portanto:

$$f_1 + f_2 + f_3 = R/R_1 + R/R_2 + R/R_3$$

Assim:

$$f_1 + f_2 + f_3 = R \cdot (1/R_1 + 1/R_2 + 1/R_3)$$

Logo vem que:

$$(f_1 + f_2 + f_3)/R = 1/R_1 + 1/R_2 + 1/R_3$$

Outra conclusão é que:

$$f_1 = i_1/i = R/R_1, \quad f_2 = i_2/i = R/R_2, \quad f_3 = i_3/i = R/R_3$$

TESE XIX

EQUAÇÕES PARA A RESISTÊNCIA ELÉTRICA

1. INTRODUÇÃO

O ensaio de resistência elétrica permite medir satisfatoriamente a condutividade do material, pois é possível fazer com que a corrente elétrica cresça numa velocidade razoavelmente lenta durante todo o teste. Tal ensaio pode ser realizado num corpo de prova de forma e dimensões padronizadas. Com este tipo de teste, as diferenças de potencial elétrico promovido no material são uniformemente distribuídas em todo o seu corpo, o que permite ainda obter medições precisas da diferença desse potencial em função da intensidade de corrente aplicada.

2. INTENSÃO

Intensão elétrica é uma grandeza que definida genericamente como a resistência interna de um corpo a uma intensidade de corrente elétrica aplicada sobre ele, por unidade de área.

Para análise desta questão, considere uma barra metálica cilíndrica de secção transversal uniforme (A_0) onde é marcada uma distância (l_0), ao longo de seu comprimento. Se essa barra é submetida a uma determinada intensidade de corrente (**i**), a intensão média, (ℑ), é expressa pela seguinte relação:

$$\mathfrak{I} = i/A_0$$

3. POTENCIMAÇÃO

A potencimação (ε), é a diferença de potencial (**U**), inversa pelo comprimento inicial do corpo. Simbolicamente, o referido enunciado é expresso por:

$$\varepsilon = U/L$$

4. EQUAÇÃO DA INTENSÃO MÉDIA

A chamada equação da intensão média é representada simbolicamente pelo seguinte produto:

$$\mathfrak{I} = \sigma \cdot \varepsilon$$

O que corresponde a uma lei de fundamental importância no presente estudo. O símbolo (σ), representa a condutividade elétrica.

5. ENSAIO ELÉTRICO

Os resultados que se obtém com o ensaio de resistência elétrica convencional do corpo de prova, são valores sujeito a erros, porque são baseados na secção inicial ($\mathbf{A_0}$), ou na base inicial de medida ($\mathbf{L_0}$). E, sabe-se perfeitamente que estas dimensões alteram-se à medida que o ensaio prossegue, pois a resistência elétrica provoca um aumento de temperatura que por sua vez provoca um aumento nas dimensões iniciais do corpo.

Desse modo, este artigo procura apresentar um novo método para se calcular os valores reais daquelas propriedades, que foi denominado por ensaio elétrico e que se baseia nos valores instantâneos da secção do corpo de prova e da base da medida para o alongamento, quando da aplicação de uma intensidade de corrente elétrica, ($\mathbf{i}$). Na verdade o ensaio elétrico nada mais é que o ensaio convencional corrigido. Neste caso, tem-se, intensão e potencimação elétricas. Assim, neste artigo, apresenta-se uma grandeza física denominada por intensão elétrica, a qual é definida pelo quociente entre a intensidade elétrica cm qualquer instante e a área da secção transversal do corpo de prova no mesmo instante.

Simbolicamente, o referido enunciado é expresso por:

$$\mathfrak{S}_L = i_I / A_I$$

Pelo método em questão, a potencimação elétrica é baseada na mudança do potencial elétrico com relação ao comprimento - base de medida instantânea, em vez do comprimento inicial de medida. Desta forma, com a aplicação de uma intensidade de corrente (i_s), o comprimento inicial passa de ($\mathbf{L_0}$) para ($\mathbf{L_I}$).

Suponha que se aumente a corrente elétrica (i_i), de uma quantidade pequena (di_i), a diferença potencial (U_i), aumenta de (dU_i) e, então a potencimação elétrica será representada por (dU_i/L_i). Processando-se totalmente o fenômeno, pode-se concluir que a potencimação elétrica será expressa por:

$$\delta = \int_{V_0}^{V} dU_I/L_I$$

Onde (V_0) e (V), representa os potenciais elétricos iniciais e finais.

6. EQUAÇÃO GERAL

Foi demonstrado no presente artigo que a condutividade elétrica (σ) é expressa por:

$$\sigma = \Im/\varepsilon$$

Porém, sabe-se que:

a) $\Im = i/A_0$
b) $\varepsilon = U/L_0$

Substituindo convenientemente as três últimas expressões, vem que:

$$\sigma = i/A_0 / U/L_0$$

Portanto resulta que:

$$\sigma = i \cdot L_0/U \cdot A_0$$

Naturalmente pode-se escrever que:

$$U = i \cdot L_0/\sigma \cdot A_0$$

As dimensões do corpo do prova numa temperatura variam conforme as seguintes equações de dilatação linear e superficial.

c) $L = L_0 \cdot (1 + \alpha \cdot \Delta t)$

d) $A = A_0 \cdot (1 + \gamma \cdot \Delta t)$

Substituindo as três últimas expressões, vem que:

$$U = [i \cdot L_0 \cdot (1 + \alpha \cdot \Delta t)]/[\sigma \cdot A_0 \cdot (1 + \gamma \cdot \Delta t)]$$

7. DIFERENÇA POTICIOMÉTRICA

Defino a grandeza denominada por diferença potenciometrica (**e**), como sendo a variação unitária de diferença de potencial elétrico. Sendo obtida pela relação existente entre a diferença de potencial elétrico (**U**), e o potencial inicial.

Simbolicamente, o referido enunciado é expresso por:

$$e = U/V_0$$

Onde $(U = V - V_0)$.

Substituindo convenientemente as duas últimas expressões, vem que:

$$e = (V - V_0)/V_0$$

ou seja:

$$e = (V/V_0) - 1$$

Em termos de percentuais, pode-se escrever que:

$$e = [(V - V_0)/V_0].\ 100$$

A diferença potenciometrica elétrica é representada simbolicamente por:

$$E = \int_{V_0}^{V} dV_I/V_I \Rightarrow E = V_I \Big|_{V_0}^{V}$$

Portanto, vem que:

$$E = \ln V/V_0$$

Entretanto, sabe-se que:

$$e = (V/V_0) - 1$$

Desse modo pode-se escrever que:

$$V/V_0 = e + 1$$

Portanto, conclui-se que:

$$E = \ln V/V_0 = \ln (e + 1)$$

8. RELAÇÃO ENTRE POTENCIMAÇÃO E DIFERENÇA POTENCIOMÉTRICA

No presente artigo foi demonstrado que:

a) $\varepsilon = U/L_0$
b) $e = U/V_0$

Dividindo membro a membro as referidas expressões, vem que:

$$\varepsilon/e = (U/L_0)/(U/V_0)$$

Ou seja:

$$\varepsilon/e = L_0/V_0$$

Demonstrou-se que:

$$\Im = \sigma . \varepsilon$$

Logo, pode-se escrever que:

Como:

$$\Im = \sigma . e . V_0/L_0$$

$$\Im = i/A_0$$

Pode-se concluir que:

$$i = \sigma . e . A_0 . V_0/L_0$$

9. COEFICIENTE DE SEGURANÇA DO RESISTOR

Segundo a definição aqui estabelecida, define-se o coeficiente de segurança do resistor (**n**) pela razão existente entre a sua intensão de fusão térmica ($\Im_f$) e a intensão que ele suporta ($\Im$).

Simbolicamente, o referido enunciado é expresso pela seguinte relação:

$$n = \Im_f/\Im$$

TESE XX

INDUÇÃO ELETROMAGNÉTICA

1. INTRODUÇÃO

Indução eletromagnética é o fenômeno pelo qual um galvanômetro ligado a uma bobina indica a passagem de uma corrente elétrica, unicamente em virtude do movimento de uma barra imantada, ou da bobina, ou de ambos.

2. MOVIMENTO RELATIVO

I - Quando o movimento se faz de modo a diminuir a distância entre a barra imantada e a bobina, o galvanômetro indica a passagem de uma corrente elétrica na bobina num determinado sentido.

II - Se a distância da barra imantada e da bobina permanecer constante, que haja movimento ou não, o galvanômetro não indicará a passagem de corrente elétrica.

III - Quando o movimento se faz de modo a aumentar a distância entre a barra imantada e a bobina, o galvanômetro indica a passagem de uma corrente elétrica na bobina; porém, em sentido oposto.

IV - Para se obter corrente elétrica induzida é fundamental o movimento relativo existente entre a barra imantada e a bobina.

V - Não faz nenhuma diferença se a barra imantada move-se em direção da bobina, ou se a bobina move-se em direção da barra imantada.

3. LEI DA INDUÇÃO

A presença de corrente induzida é devida à existência de uma força eletromotriz induzida.

A lei da indução afirma que a força eletromotriz induzida num circuito é igual ao quociente da variação do fluxo magnético, inversa pela variação de tempo que ocorre, com sinal trocado.

Simbolicamente, o referido enunciado é expresso pela seguinte relação:

$$e = - \Delta\phi/\Delta t$$

4. DISTRIBUIÇÃO DE FLUXO

A distribuição de fluxo na indução eletromagnética é uma grandeza física definida como sendo igual ao quociente da variação de espaço percorrido pela bobina, ou barra imantada, ou ambos, inversa pela variação do fluxo magnético.

Simbolicamente o referido enunciado é expresso pela seguinte relação matemática:

$$D = \Delta S/\Delta\phi$$

5. UNIDADE DE DISTRIBUIÇÃO DE FLUXO

A unidade de distribuição de fluxo é igual à relação entre a unidade de comprimento pela unidade de fluxo.

No Sistema Internacional de unidades, a unidade de comprimento denomina-se "metro" (**m**) e a unidade de fluxo magnético denomina-se "Weber" (**Wb**). Portanto a unidade de distribuição de fluxo no Sistema Internacional é o metro por Weber. Ou seja:

$$\text{U (D) = metro/Weber = m/Wb}$$

6. RELAÇÕES

Foi demonstrado que a distribuição de fluxo é expresso pela seguinte relação:

$$D = \Delta S/\Delta \phi$$

Porém, sabe-se que a variação de espaço percorrido é igual ao produto entre a velocidade do corpo pela variação de tempo.

Simbolicamente o referido enunciado é expresso por:

$$\Delta S = v \cdot \Delta t$$

Também se sabe que a variação de fluxo é igual ao produto entre a força eletromotriz induzida pela variação de tempo.

Simbolicamente o referido enunciado é expresso por:

$$\Delta\phi = e \cdot \Delta t$$

Substituindo convenientemente as três últimas expressões, resulta que:

$$D = v \cdot \Delta t/e \cdot \Delta t$$

Eliminando os termos em evidência, resulta que:

$$D = v/e$$

Portanto pode-se afirmar que a distribuição de fluxo eletromagnético é igual ao quociente da velocidade, inversa pela força eletromotriz induzida nesse processo.

7. LEI RELATIVA DA INDUÇÃO

Considere que (**G**) represente uma fonte de campo magnético uniforme (barra imantada). Seja (**S₀**) a posição inicial da bobina e (**S**) a sua posição após o intervalo de tempo (Δt). Portanto, se (v_0) é a velocidade com que a bobina se aproxima da fonte magnética, tem-se que:

$$S_0 S = v_0 \cdot \Delta t$$

Como (**D**) é a distribuição de fluxo magnético, tem-se em cada instante, entre os pontos (**S₀**) e (**S**), uma variação de fluxo magnético expresso por:

$$\Delta\phi = v_0 \cdot \Delta t/D$$

Considere que a fonte de campo magnético move-se em direção da bobina. Nesta situação se a bobina tivesse permanecido em repouso, em (**S₀**), no intervalo de tempo (**Δt**), teriam atravessado por ela o seguinte fluxo:

$$\Delta\phi_0 = e_0 \cdot \Delta t$$

Sendo (**e₀**) a força eletromotriz produzida pelo movimento da fonte magnética.

Entretanto, ao fim do intervalo de tempo (**Δt**), a bobina se encontra na posição (**S**) e não na posição inicial (**S₀**). Como entre as posições (**S₀**) e (**S**) existem um fluxo magnético expresso por (**Δφ**), conclui-se que a bobina foi atravessada não apenas por (**e₀** . **Δt**) fluxo magnético, mas sim por:

$$\Delta\phi_T = \Delta\phi_0 + \Delta\phi$$

Ou seja:

$$\Delta\phi_T = e_0 \cdot \Delta t + v_0 \cdot \Delta t/D$$

Dividindo todos os membros por (Δt), tem-se a força eletromotriz induzida na bobina na unidade de tempo, ou seja:

$$e = e_0 + v_0/D$$

Logo, a corrente elétrica induzida na bobina tem força eletromotriz (e) e não (e_0).

Substituindo convenientemente a distribuição de fluxo magnético na expressão anterior por seu valor:

$$D = v/e_0$$

Onde (v) é a velocidade da fonte do campo magnético. Então se tem que:

$$e = e_0 + (v_0/v)/e_0$$

Portanto pode-se escrever que:

$$e = e_0 + v_0 . e_0/v$$

Ou seja:

$$e = e_0 . (v + v_0)/v$$

A referida expressão é aquela que caracteriza a chamada lei relativa da indução.

TESE XXI

RESISTÊNCIA DO AR

1. RESISTÊNCIA DO AR E O MOVIMENTO UNIFORME

Considere uma superfície (**A**) atingida por um número (**n**) de moléculas de qualquer gás.

Seja (**m$_0$**) a massa de cada molécula e (**v**) o módulo de sua velocidade média. Considere uma molécula que apresenta movimento retilíneo e que colide com a face (**A**) com uma quantidade de movimento expresso por: (**Q$_0$ = m$_0$. v**).

Considere que num instante (**t**) as moléculas, existentes num volume (**A . L**), põem-se em movimento, simultaneamente. E que no intervalo de tempo (**Δt**), atingem a seção (**A**), no instantc (**t + Δt**).

Cada molécula percorre a distância (**L**) no intervalo de tempo e, portanto, a velocidade média de cada molécula no volume será (**v = L/Δt**).

Sendo (**n**) o número de moléculas que atingem (**A**) em (**Δt**) e (**N**) o número de moléculas por volume, tem-se que: (**n = N . A . L**).

A quantidade de movimento total transmitida à face (**A**) pelas moléculas na unidade de tempo é expresso por: (**Q = N . A . L . m$_0$. v**).

Ocorre que a força média sobre a face (**A**) tem intensidade dada pela seguinte relação: (**F = Q/Δt**).

Substituindo convenientemente as duas últimas expressões, vem que: ($F = N . A . L . m_0 . v/\Delta t$). Ocorre que $v = L/\Delta t$, portanto resulta que: ($F = N . A . m_0 . v^2$). Como (**N**) é o número de moléculas por volume, pode-se escrever que: ($N = n/W$). Portanto, resulta que: ($F = n . A . m_0 . v^2/W$).

O produto do número de moléculas pela massa da molécula resulta na massa do gás, de tal forma que a relação entre a massa do gás pelo volume resulta na densidade do gás em movimento, conforme a seguinte relação matemática: ($\mu = n . m_0/W$). Portanto, pode-se expressar simbolicamente que: ($F = \mu . A . v^2$).

Logo se pode afirmar que a força exercida por um gás sobre uma superfície é uma força de resistência. Isso é evidente. A terceira lei de Newton afirma que de toda ação segue-se uma reação de mesma intensidade e sentido contrário. Assim, se o corpo de área (**A**) se move no meio gasoso a resistência que vai encontrar ao seu movimento é também expresso pela última equação deduzida.

Desse modo, pode-se afirmar que a força de resistência oferecida a um móvel num meio gasoso resistente é igual ao produto entre a densidade desse meio pela área do móvel pelo quadrado da velocidade alcançada por esse móvel. Simbolicamente, escreve-se que:

$$F_r = \mu . A . v^2$$

No movimento uniforme e retilíneo, o móvel não sofre a ação impulsionadora de uma força externa. Desse modo, ao se deslocar no meio resistente tende a entrar em repouso, tendo em vista que a resistência oferecida pelo ar se opõe ao seu estado de movimento. A resistência oferecida pelas moléculas do gás tende a aumentar com a velocidade do móvel. Entretanto, como o móvel se desloca num meio resistênte, sua velocidade diminui, logo a própria resistência do gás ao movimento do móvel diminui gradativamente.

A densidade do ar é uma grandeza física que depende da temperatura. Em condições ideais, usando a expressão conhecida como equação de Clapeyron: (μ = p . M/R . T), onde a letra (p) representa a pressão, (M) representa a molécula-grama do gás, (R) é a chamada constante universal dos gases perfeitos, (T) caracteriza a temperatura absoluta. Desse modo, combinando, convenientemente as duas últimas expressões, pode-se escrever que:

$$F_r = p . M . A . v^2/R . T$$

2. RESISTÊNCIA DO AR E O MOVIMENTO UNIFORMEMENTE VARIADO

Considere uma superfície de área (A) seja atingida por um número (n) de moléculas de um gás qualquer. Considere também que essas moléculas se deslocam num movimento uniformemente variado (**MUV**). Seja (**m₀**) a massa de cada molécula e (Δv) a variação de sua velocidade. Considere que a molécula apresenta movimento uniformemente variado e retilíneo e que colide com a face (**A**) com uma quantidade de movimento expresso por: ($\Delta Q_0 = m_0 . \Delta v$).

Considere que num instante (**t**) as moléculas, existentes num volume (**A . L**), põem-se em movimento uniformemente variado, simultaneamente. E que no intervalo de tempo (Δt), atingem a seção (**A**), no instante (**t + Δt**). Como o movimento é uniformemente variado, a quantidade de moléculas aumenta a cada instante.

Cada molécula percorre a distância (**L**) no intervalo de tempo e, portanto, a variação da velocidade apresentada por cada molécula no volume será ($\Delta v = 2L/\Delta t$).

Sendo (**n**) o número de moléculas que atingem (**A**) em (Δt) e (**N**) o número de moléculas por volume, tem-se que: (**n = N . A . L**).

A quantidade de movimento total transmitida à face (**A**) pelas moléculas na unidade de tempo é expresso por: ($\Delta Q = N . A . L . m_0 . \Delta v$).

Ocorre que a força média sobre a face (**A**) tem intensidade dada pela seguinte relação: (**F = $\Delta Q/\Delta t$**).

Substituindo convenientemente as duas últimas expressões, vem que: (**F = N . A . L . m₀ . $\Delta v/\Delta t$**).

Ocorre que $\Delta v = 2L/\Delta t$, logo resulta na seguinte igualdade: $(F = N . A . m_0 . \Delta v^2/2)$. Como (N) é o número de moléculas por volume (W), pode-se escrever que: $(N = n/W)$. Portanto, resulta que: $(F = n . A . m_0 . \Delta v^2/2W)$.

O produto do número de moléculas pela massa da molécula resulta na massa do gás, de tal forma que a relação entre a massa do gás pelo volume resulta na densidade do gás em movimento, conforme a seguinte relação matemática: $(\mu = n . m_0/W)$. Portanto, a intensidade de força pode ser expressa pela seguinte igualdade: $(F = \mu . A . \Delta v^2/2)$.

Pode-se afirmar que a força exercida por um gás sobre uma superfície é uma força de resistência. Sendo que a terceira lei de Newton afirma que de toda ação segue-se uma reação de mesma intensidade e sentido contrário. Assim, se o corpo de área (A) se move no meio gasoso a resistência que vai encontrar ao seu movimento é também expresso pela última equação deduzida.

Desse modo, pode-se afirmar que a força de resistência oferecida a um móvel num meio gasoso resistente é igual à metade do produto entre a densidade desse meio pela área do móvel pelo quadrado da variação da velocidade alcançada por esse móvel. Simbolicamente, escreve-se que:

$$F_r = \mu . A . \Delta v^2/2$$

No movimento uniformemente variado, o móvel sofre a ação impulsionadora de uma força externa constante. Desse modo, ao se deslocar num meio resistente, tende a entrar num movimento uniforme, tendo em vista que a resistência oferecida pelo ar se opõe ao seu movimento. Como a velocidade do móvel cresce progressivamente, o número de choques das moléculas do gás contra a área do móvel também aumenta sua freqüência. E quanto a força de resistência oferecida pelo gás se iguala à força externa, o móvel passa a apresentar um movimento uniforme.

TESE XXII

ATRITO MECÂNICO

1. INTRODUÇÃO

O atrito é uma força de resistência que aparece quando um corpo desliza sobre outro. Ela é a força que se opõe ao movimento relativo das superfícies em contato.

2. RENDIMENTO

Quando um corpo desliza sobre outra parte da energia total que lhe é comunicada é utilizada para vencer o atrito, sendo convertida em calor. A restante é convertida em trabalho útil.

Portanto, o rendimento que se obtêm do movimento relativo entre superfícies de contato é igual ao quociente da energia útil, inverso pelo valor da energia total.

Simbolicamente o referido enunciado é expresso pela seguinte relação:

$$\eta = \vartheta/Q$$

3. DISSIPAÇÃO

No atrito parte da energia aplicada sobre o corpo é dissipada sob a forma de calor. Para caracterizar esta dissipação de energia, foi definida uma grandeza chamada "dissipação". A dissipação é igual ao quociente da energia dissipada, inversa pela energia total.

Simbolicamente pode-se escrever:

$$\mu = Q_0/Q$$

4. ENERGIA DISSIPADA

A energia dissipada no processo de atrito é igual à diferença matemática entre a energia total aplicada e o trabalho realizado no deslocamento do corpo.

Simbolicamente o referido enunciado pode ser escrito da seguinte forma:

$$Q_0 = Q - \vartheta$$

5. RELAÇÃO (I)

Ficou definido no presente estudo que:

a) $\eta = \vartheta/Q$
b) $\vartheta = Q - Q_0$

Substituindo convenientemente as duas últimas expressões, vem que:

$$\eta = (Q - Q_0)/Q$$

Portanto pode-se escrever que:

$$\eta = 1 - Q_0/Q$$

6. RELAÇÃO (II)

Foi demonstrado no presente estudo que:

a) $\mu = Q_0/Q$
b) $Q_0 = Q - \vartheta$

Portanto, substituindo convenientemente as duas últimas expressões, vem que:

$$\mu = (Q - \vartheta)/Q$$

Logo se pode escrever que:

$$\mu = 1 - \vartheta/Q$$

7. RELAÇÃO (III)

Ficou demonstrado no presente artigo que:

a) $\mu = Q_0/Q$
b) $\eta = 1 - Q_0/Q$

Assim substituindo convenientemente as duas últimas expressões, resulta que:

$$\eta = 1 - \mu$$

8. RELAÇÃO (IV)

Foi demonstrado no presente estudo que;

a) $\eta = \vartheta/Q$
b) $\mu = 1 - \vartheta/Q$

Substituindo convenientemente as duas últimas expressões, pode-se escrever:

$$\mu = 1 - \eta$$

TESE XXIII

EXPANSÃO DO UNIVERSO

1. INTRODUÇÃO

Existem alguns aspectos fundamentais da expansão do Universo que não podem ser explicados em termos da teoria da Grande Explosão. Um desses aspectos será considerado no presente artigo.

2. LEI DE HUBBLE

No ano de 1929, o astrônomo norte-americano, Edwin Hubble (1889-1953), estudando os desvios para o vermelho de diversas galáxias, acabou por descobriu que todas se afastam uma das outras.

Descobriu que a velocidade de afastamento de uma galáxia é diretamente proporcional à sua distância. Isto significa que quanto maior for a distância, tanto maior é a sua velocidade de afastamento.

Simbolicamente o referido enunciado é expresso pela seguinte igualdade:

$$V = H . D$$

A referida equação representa a lei de Hubble. Nela a letra (**V**) representa a velocidade, (**D**) representa a distância e (**H**) é a chamada constante de Hubble.

A constante de Hubble é equivalente a 70 quilômetros por segundo por megaparsec. Sendo que um megaparsec equivale a 3,26 milhões de anos luz.

3. GRANDE EXPLOSÃO

A teoria da Grande Explosão sugere que num passado remoto toda a matéria do Universo estava concentrada num único corpo de densa massa, que teria explodido, tendo os seus fragmento tornado as galáxias, as quais devido à explosão inicial afastam-se uma das outra a uma velocidade extraordinária.

Pela lei de Hubble a velocidade de afastamento das galáxias aumenta com a distância. Isso significa que à medida que as galáxias se distanciam uma das outras sua velocidade está aumentando. Ora, se a velocidade está aumentando é porque elas estão aceleradas. Se estão aceleradas é porque estão sob a ação de uma força. Essa força indica que a causa primordial Grande Explosão não é algo que ocorreu num passado remoto, muito pelo contrário, ela ainda está em atividade, razão pela qual as galáxias ganham cada vez mais velocidade.

Como estamos no interior e não fora das bordas do universo, pode-se afirmar que a força gravitacional não é inversa ao quadrado da distância, mas sim, proporcional à distância.

É bastante curioso observar que Isaac Newton (1642-1727) ao desenvolver a dinâmica celeste identificou duas leis de força atrativas. A primeira descre-

via as forças de atração que decrescem proporcionalmente ao quadrado da distância e a segunda que descreve as forças de atração que aumentam proporcionalmente com a distância. O interessante dessas duas
leis é que elas são as únicas compatíveis com as órbitas elípticas, produzindo órbitas cujas linhas das apsi-
des não se movem.

O conceito de forças atrativas que aumentam
proporcionalmente com a distância é bem sugestivo
para analise da questão do aumento da velocidade das
galáxias.

4. LEI DA INÉRCIA

A primeira lei de Newton afirma que quando
não existem forças externas atuando sobre um corpo
ele permanece, num referencial inercial, em repouso
ou em movimento com velocidade constante.

Essa lei estabelece que se pode saber da existência ou não de uma força externa atuando sobre o
corpo, simplesmente observando seu movimento.

a) Caso o movimento seja uniforme, com velocidade constante, pode-se concluir que não existe uma
força externa resultante.

b) Só há uma força resultante atuando sobre o
corpo se houver aceleração. Ou seja, se houver modificação da velocidade com o tempo.

c) Pela Física Clássica, o repouso é um estado especial de movimento com velocidade escalar nula.

5. CONSIDERAÇÕES

a) Considerando que as leis que governam os fenômenos físicos local são as mesmas que se aplicam a todo o Universo.

b) Considerando que a Grande Explosão ocorreu a milhares de anos.

c) Considerando que após a Grande Explosão as galáxias deveriam continuar a deslocar-se unicamente em função de sua inércia. Pois quando não existe força atuando sobre o corpo, a velocidade permanece constante.

d) Considerando de que acordo com a lei da inércia existe uma força resultante atuando, quando há modificação de velocidade.

e) Considerando que as galáxias afastam-se umas das outras com tremendas velocidades.

f) Considerando que a lei de Hubble afirma que a velocidade de afastamento das galáxias é proporcional à distância que se encontram.

6. CONCLUSÃO

a) Embora a expansão do Universo seja considerada um fato inevitável é também um fenômeno bastante incompreendido.

b) Se a velocidades das galáxias aumentam com a distância, isto significa inevitavelmente que estão submetidas a tremendas acelerações.

c)   Como a aceleração é o critério de avaliação do comportamento das forças, infere-se que as galáxias estão sob a ação de extraordinárias intensidades de forças externas.

d)   Portanto, é necessário admitir que a expansão do Universo está ocorrendo sob a ação de uma força, cuja natureza é desconhecida, que provoca as variações de velocidades das galáxias com a distância.

7. PERGUNTAS

a)   Qual seria a natureza da força que impele as galáxias?

b)   Qual seria a origem dessa força?

c)   Por que ela aumenta com a distância?

d)   Qual seria a lei que rege o comportamento de tal força?

e)   A força induzida que atua na expansão do Universo poderia ser descrita pelas equações do Dinamismo?

f)   Se puder ser descrita pelo Dinamismo, a força induzida seria igual ao quociente da constante de Hubble multiplicada pela distância, inversa pela indutória?

Simbolicamente pode-se escrever que:

$$i = H . D/B$$

g)   Ou o desvio para o vermelho não passa de uma inversão do extremo eletromagnético?

O papel da Física é o de procurar responder a tais perguntas, por que disto depende nossa situação diante do Universo.

TESE XXIV

VELOCIDADE DAS GALÁXIAS

1. INTRODUÇÃO

Em 1929, Edwin Hubble observou que galáxias distantes estão se afastando rapidamente uma das outras. O que significa que o universo está se expandindo em todas as direções. Desse modo, a distância entre as diferentes galáxias aumenta constantemente.

Isto indica que em tempos remotos os objetos estariam mais próximos uns dos outros. E de fato, houve um tempo, em torno de dez ou quinze bilhões de anos atrás, quando estavam todos exatamente no mesmo lugar e a densidade do Universo, era infinita.

2. VELOCIDADE DAS GALÁCIAS

Hubble descobriu que quanto mais distante uma galáxia estiver, tanto mais rapidamente estará se deslocando. E que a velocidade na qual quaisquer duas galáxias se deslocam, afastando-se é proporcional à distância entre elas.

Simbolicamente o referido enunciado é expresso por:

$$V = H \cdot D$$

3. VELOCIDADE DA LUZ

Se o sol parasse de brilhar neste exato momento, só tornaríamos conhecimento do fato oito minutos depois. Pois este é o tempo que a luz do Sol gasta para chegar à Terra.

Da mesma forma, neste exato momento, não sabemos o que está acontecendo num tempo distante do Universo. Na verdade, a luz que vemos em galáxias distantes deixou-as há milhões de anos. Então, quando olharmos o Universo, nós o estamos vendo como ele era no passado.

A distância que separa uma galáxia da Terra é igual à velocidade da luz multiplicada pelo tempo decorrido.

Simbolicamente o referido enunciado é expresso por:

$$D = c \cdot t$$

Onde a letra (**t**) representa o tempo que a luz gasta para percorrer a distância que separa uma galáxia da outra.

4. RELAÇÃO ENTRE VELOCIDADES

Foi apresentado que:

a) $V = H \cdot D$

b) $D = c \cdot t$

Substituindo convenientemente as duas últimas expressões, vem que:

$$V = H \cdot c \cdot t$$

Como os valores (**k**) e (**c**) são constantes, pode-se considerar o seu produto como uma constante genérica. Ou seja:

$$G = k \cdot c$$

Substituindo convenientemente as duas últimas expressões, obtém-se que:

$$V = G \cdot t$$

Logo se pode concluir que a velocidade de afastamento das galáxias é proporcional ao tempo decorrido para a luz percorrer a distância que nos separa dela.

TESE XXV

TEORIA DO TEMPO RELATIVO

1. INTRODUÇÃO

No presente estudo será desenvolvido um modelo temporal que procura apresentar uma concordância quantitativa precisa com a teoria da Relatividade Restrita. A atração adicional é de que o raciocínio envolvido e de fácil compreensão.

2. POSTULADOS DO MODELO TEMPORAL

A justificativa fundamental para os postulados a seguir apresentados é encontrada no fato de que as previsões obtidas a partir dos postulados concordam com os resultados obtidos pela teoria da Relatividade Restrita.

Os postulados são os seguintes:

1º) *A seta do tempo natural é idêntica à seta do tempo cinemático.*

2º) *O tempo flui na velocidade da luz.*

3º) *O quadrado do fluxo do tempo é igual ao inverso do quadrado da velocidade da luz.*

$$\phi^2 = 1/c^2$$

3. MODELO TEMPORAL

O quadrado do fluxo do tempo relativo é igual à diferença do quadrado do fluxo de tempo de um observador num móvel em relação ao quadrado do fluxo de tempo natural que flui na velocidade da luz. Simbolicamente o referido enunciado é expresso pela seguinte igualdade:

$$\phi^2_R = \phi^2_V - \phi^2_C$$

Isto porque o móvel está num movimento relativo em relação ao próprio movimento do tempo. Considerando as conseqüências do terceiro postulado, pode-se concluir que o quadrado do fluxo de tempo relativo multiplicado pelo quadrado do espaço percorrido pelo móvel é igual ao quadrado do tempo natural.

O referido enunciado é expresso simbolicamente pela seguinte equação:

$$\phi^2_R \cdot S^2 = t^2_N$$

Ocorre que o quadrado do espaço percorrido pelo móvel é igual ao quadrado da velocidade do móvel em produto com o quadrado do tempo cinemático.

Simbolicamente o referido enunciado é expresso pela seguinte igualdade:

$$S^2 = V^2 \cdot t^2_0$$

Substituindo convenientemente as duas últimas expressões, vem que:

$$\phi^2_R \cdot V^2 \cdot t^2_0 = t^2_N$$

Sabe-se que:

$$\phi^2_R = \phi^2_V - \phi^2_C$$

Substituindo convenientemente as duas últimas expressões, vem que:

$$(\phi^2_V - \phi^2_C) \cdot V^2 \cdot t^2_0 = t^2_N$$

Pela propriedade distributiva, pode-se escrever que:

$$(\phi^2_V \cdot V^2 - \phi^2_C \cdot V^2) \cdot t^2_0 = t^2_N$$

Porém o terceiro postulado estabelece que:

1º) $\phi^2_V = 1/V^2$
2º) $\phi^2_C = 1/C^2$

Substituindo convenientemente as três últimas expressões, vem que:

$$(1/V^2 \cdot V^2 - 1/C^2 \cdot V^2) \cdot t^2_0 = t^2_N$$

Eliminando os termos em evidência, resulta que:

$$(1 - V^2/C^2) \cdot t^2_0 = t^2_N$$

Assim vem que:

$$(\sqrt{1 - V^2/C^2}) \cdot \sqrt{t^2_0} = \sqrt{t^2_N}$$

Portanto, resulta que:

$$(\sqrt{1 - V^2/C^2}) \cdot t_0 = t_N$$

Portanto pode-se escrever que:

$$t_0 = t_N/(\sqrt{1 - V^2/C^2})$$

A referida equação é idêntica àquela que é obtida pela teoria da Relatividade Restrita.

Pelo que se depreende a presente teoria é bem sucedida na explicação do fenômeno relativístico da dilatação do tempo em termos de um modelo de fluxo temporal.

4. PRINCÍPIO TEMPORAL

O princípio temporal afirma que o tempo natural para um observador em repouso é constante (t_N). Para este mesmo observador em repouso que observa um móvel, nota que o tempo cinemático deste diminui (t_0) e o observador cinemático do móvel observa que o tempo para o observado em repouso aumentou (t_R). Dessa maneira a soma dos tempos notados por cada observador é constante.

Simbolicamente o referido enunciado é expresso por:

$$t_N = t_0 + t_R$$

Substituindo convenientemente as duas últimas expressões, vem que:

$$t_R = t_N - t_0$$
$$t_R = t_N - [t_N/(\sqrt{1 - V^2/C^2})]$$

Portanto conclui-se que:

$$t_R = t_N \cdot [1 - (1/(\sqrt{1 - V^2/C^2}))]$$

5. MOVIMENTO TEMPORAL ENTRE DOIS CORPOS

Considere dois móveis se locomovendo com velocidades próximas à da luz, entretanto, diferentes.

Assim têm-se as seguintes observações:

1º) O tempo cinemático do primeiro móvel em relação ao tempo natural é expresso por:

$$t_1 \rightarrow t_N = t_N/(\sqrt{1 - V^2_1/C^2})$$

2º) O tempo cinemático do segundo móvel em relação ao tempo natural é expresso por:

$$t_2 \to t_N = t_N/(\sqrt{1 - V^2_2/C^2})$$

3º) O tempo cinemático do segundo móvel em relação ao tempo cinemático do primeiro móvel é expresso por:

$$t_2 \to t_1 = t_1/(\sqrt{1 - V^2_2/V^2_1})$$

Substituindo convenientemente a expressão ($t_1 \to t_N$) obtêm-se que:

$$t_2 \to t_1 = t_N/(\sqrt{1 - V^2_1/C^2})/(\sqrt{1 - V^2_2/V^2_1})$$

Portanto vem que:

$$t_2 \to t_1 = t_N/(\sqrt{1 - V^2_1/C^2}) \cdot (\sqrt{1 - V^2_2/V^2_1})$$

Logo se pode escrever que:

$$t_2 \to t_1 = t_N/[\sqrt{(1 - V^2_1/C^2)} \cdot (1 - V^2_2/V^2_1)]$$

Desenvolvendo a multiplicação dos polinômios, obtém-se que:

$$t_2 \to t_1 = t_N/[\sqrt{1 - V^2_1/C^2 - V^2_2/V^2_1 + V^2_2/C^2}$$

TESE XXVI

DEPRECIAÇÃO ENERGÉTICA DE UM SISTEMA

1. INTRODUÇÃO

Conforme estabelece a segunda lei da Termodinâmica, nas transformações naturais, a energia se *degrada* de uma forma organizada para uma forma desordenada denominada *energia térmica*. Por este motivo, a energia térmica, também é denominada por *energia degradada*.

Sabe-se que todas as formas de energia se convertem de modo *espontâneo* e *total* em energia degradada. E embora o princípio da conservação da energia continue válido, à medida que o Universo evolui, ocorre uma diminuição na possibilidade de se conseguir energia útil ou trabalho do sistema. Portanto pode-se apresentar a segunda lei da Termodinâmica como princípio da degradação da energia, nos seguintes termos: *Em todos os fenômenos naturais, a tendência é a evolução do Universo para a diminuição da energia utilizável.*

2. DEPRECIAÇÃO DO UNIVERSO

Muitas vezes costumo dizer que o Universo sofre uma depreciação à medida que sua energia utilizável sofre diminuição. Portanto, ao conceito de *degra-*

dação da energia, o autor associou o conceito matemático de *depreciação*. Ficando caracterizado que a *depreciação* evidência uma propriedade intrínseca dos sistemas. Assim, o valor da *depreciação* aumenta quando aumenta a degradação da energia.

Portanto, pode-se enunciar a segunda lei da Termodinâmica nos seguintes termos: *À medida que o Universo evolui, sua depreciação aumenta.* Isto porque ocorre a diminuição da energia utilizável. Logo, em todos os fenômenos naturais, a tendência é uma evolução para a *depreciação do Universo*.

3. CÁLCULO DA DEPRECIAÇÃO

A primeira lei da Termodinâmica afirma que: *A variação da energia interna de um sistema é expressa pela diferença existente entre o calor trocado com o meio exterior e o trabalho realizado no processo Termodinâmico.*

O referido enunciado encontra sua expressão simbólica na seguinte equação:

$$\Delta I = Q - \vartheta$$

Sendo que a letra (Q) representa simbolicamente a quantidade de calor trocada pelo sistema, a letra (ϑ) representa o trabalho realizado e (ΔI) a variação de energia interna do sistema considerado.

Para o cálculo da depreciação, deve-se levar em conta os dois tipos de trocas energéticas com o meio exterior, a saber:

a)   Calor trocado (**Q**)

b)   Trabalho realizado (ϑ)

Uma vez feita essas considerações, a depreciação do Universo no processo termodinâmico sofrido por um gás pode ser determinada mediante a fórmula que será apresentada a seguir:

$$D = \vartheta/Q$$

A variação de energia interna ($\Delta \mathbf{I}$) sofrida pelo sistema está relacionada com a depreciação do sistema. Quanto maior o trabalho realizado sobre o meio exterior por uma dada quantidade de calor, maior será a depreciação do sistema, e menor sua energia interna.

Portanto, depreciação é a perda de valor ou utilidade de um sistema em sua evolução natural. De fato, o sistema evolui no sentido de diminuir a possibilidade de se conseguir obter energia útil ou trabalho do mesmo.

Em termos de percentuais, pode-se escrever que:

$$D\% = \Delta/Q \; 100$$

A depreciação é fator importante na avaliação do sistema. Por exemplo: Numa transformação isobárica, o sistema recebeu do meio exterior uma quantidade de calor (**Q = 80 J**) e realizou um trabalho sobre o meio exterior (Δ = **20 J**). Com a aplicação da última formula, encontra-se o seguinte valor para a depreciação do sistema nesta fase:

$$D = 20/80 = 25\%$$

4. RELAÇÃO ENTRE DEPRECIAÇÃO E A PRIMEIRA LEI DA TERMODINÂMICA

A primeira lei da Termodinâmica estabelece que:

$$\Delta I = Q - \vartheta$$

A lei da depreciação é expressa por:

$$D = \vartheta/Q$$

Então, substituindo convenientemente as duas últimas equações, obtém-se que:

$$\Delta I = Q - D \cdot Q$$

Portanto, resulta que:

$$\Delta I = Q \cdot (1 - D)$$

A referida expressão traduz analiticamente a primeira lei da Termodinâmica em relação à depreciação do sistema.

Evidentemente a depreciação cientifica, porque estaria contrariando a segunda lei da Termodinâmica, pois seria necessária a conversão integral de calor em trabalho e isto é impossível.

TESE XXVII

TERMODINÂMICA E FREQÜENCIA

1. INTRODUÇÃO

A transformação cíclica de uma dada massa gasosa é um conjunto de transformações após as quais o gás volta a apresentar a mesma pressão, o mesmo volume e a mesma temperatura que apresentava inicialmente. Em ciclo, o estado final é igual ao estado inicial.

E máquinas térmicas que apresentam uma transformação contínua e uniforme, passam a caracterizar um fenômeno periódico, pois o ciclo se repete, identicamente, em intervalos de tempos iguais.

2. POTÊNCIA CÍCLICA DE TRABALHO

Defino a potência cíclica de trabalho, como sendo igual ao trabalho realizado num ciclo, inverso pelo período de tal ciclo.

Simbolicamente, pode-se escrever a seguinte relação:

$$p = \vartheta/T$$

Sabe-se que o período é o inverso da freqüência, simbolicamente, escreve-se que:

$$T = 1/f$$

Substituindo convenientemente as duas últimas expressões, vem que:

$$p = \vartheta . f$$

3. TRABALHO TOTAL

Em um ciclo, o trabalho realizado é igual ao trabalho concluído na etapa da expansão isobárica somado com o trabalho concluído na etapa da compressão isobárica.
Simbolicamente, escreve-se que:

$$\vartheta = \vartheta_1 + \vartheta_2$$

É evidente que o trabalho total realizado por uma máquina térmica é a soma dos trabalhos parciais concluído nos ciclos; entretanto em se tratando de ciclos periódicos, o trabalho total é o produto do número de ciclos pelo trabalho de um dos ciclos.
Simbolicamente, pode-se escrever que:

$$\vartheta_T = n . \vartheta$$

Substituindo convenientemente as duas últimas expressões, vem que:

$$\vartheta_T = n . (\vartheta_1 + \vartheta_2)$$

Sabe-se que a freqüência de um fenômeno periódico é igual à relação entre o número de ciclos pela variação de tempo decorrido do fenômeno total. Simbolicamente, o referido enunciado é expresso por:

$$f = n/\Delta t$$

Substituindo convenientemente as duas últimas expressões, vem que:

$$\vartheta_T = f \cdot (\vartheta_1 + \vartheta_2) \cdot \Delta t$$

4. POTÊNCIA CÍCLICA DE CALOR

Do mesmo modo que apresentei a definição de potência cíclica de trabalho, apresento a definição de potência cíclica dc calor, como a relação existente entre a quantidade de calor recebida num ciclo, inversa pelo período.

Simbolicamente, o referido enunciado é expresso pela seguinte relação:

$$q = Q/T$$

Como ($T = 1/f$), pode-se escrever que:

$$q = Q \cdot f$$

5. CALOR TOTAL

O calor trocado em todo o ciclo é também dado pela soma algébrica dos calores trocados em cada uma das etapas do ciclo:

$$Q = Q_1 + Q_2 + Q_3 + Q_4$$

Durante o processamento do fenômeno periódico a quantidade de calor total será expressa por:

$$Q_T = n . Q$$

Como $(n = f . \Delta t)$, pode-se concluir que:

$$Q_T = f . Q . \Delta t$$

6. EQUIVALÊNCIA

Como num ciclo, existe equivalência entre o calor total trocado e o trabalho total realizado, escreve-se que:

$$\vartheta = Q$$

Como:

a) $\vartheta = p . T$
b) $Q = q . T$

Vem que:

$$p \cdot T = q \cdot T$$

Eliminando os termos em evidência, resulta que:

$$p = q$$

Portanto, pode-se afirmar que no ciclo há equivalência entre potência cíclica de trabalho e a potência cíclica de calor.

TESE XXVIII

TRANSPARÊNCIA E OPACIDADE

1. TRANSPARÊNCIA RELATIVA

A Física Clássica demonstra que a intensidade de um feixe luminoso (**I**) é proporcional ao quadrado da amplitude.

O presente artigo define transparência (**n**) de um meio como sendo igual à relação matemática existente entre a intensidade (**i**) transmitida, pela intensidade máxima (**I**) incidente.

Simbolicamente, escreve-se:

$$n = i/I$$

Evidentemente a transparência relativa pode ser expressa em porcentagem. Se o meio for perfeitamente transparente (**i = I**), então a transparência relativa vale:

$$n = 1 \ (100\%)$$

2. OPACIDADE RELATIVA

A opacidade é definida como sendo igual ao inverso da transparência. Portanto, quanto mais transparente for o elemento que a luz atravessa, tanto menos será opaco. E quanto mais opaco for o meio, tanto menos será a transparência.

Logo se pode expressar matematicamente a opacidade (**D**) de um meio pela seguinte relação:

$$D = 1/n$$

3. FLUXO DO FEIXE LUMINOSO

O fluxo de feixe luminoso fica perfeitamente definido matematicamente pela seguinte expressão:

$$\phi = I \cdot A \cdot \cos\theta$$

Onde a letra (θ) representa o ângulo entre a intensidade (**I**) e a normal à área do elemento considerado.

Portanto, se a área do elemento estiver inclinada em relação à intensidade do feixe luminoso (**I**), ela será atravessada por um número de feixes luminosos menor do que aquele que a atravessa, quando ela é perpendicular a (**I**), sendo o fluxo, portanto, menor. Quando a área do elemento for paralela ao campo luminoso, ela não é atravessada por feixes luminosos e, portanto, o fluxo será nulo.

Matematicamente, em cada um desses casos tem-se o seguinte:

a) Quando $\cos\theta < 1$, então $\phi = I \cdot A \cdot \cos\theta$
b) Quando $\cos\theta = 1$, então $\phi = I \cdot A$
c) Quando $\cos\theta = 0$, então $\phi = 0$

4. LEI DA CONDIÇÃO DE NITIDEZ

Considere dois ambientes de luminosidades iguais, separados por uma parede transmissora de luz com uma área (**A**) e de uma espessura (**e**). Então, o fluxo do feixe luminoso que atravessa a parede depende da área (**A**) da parede, da espessura (**e**), da diferença de intensidade do feixe luminoso (ΔI = **I** - **i**) e da natureza do material que constitui a parede. Logicamente que, para um dado elemento, o fluxo (ϕ) é tanto maior quanto maior for a área (**A**) e a diferença de intensidade (ΔI) e quanto menor a espessura (**e**). Portanto pode-se enunciar a seguinte lei:

O fluxo do feixe luminoso transmitido num material homogêneo é diretamente proporcional à área da secção transversal atravessada e à diferença de intensidade do feixe luminoso entre o incidente e o resultante e, inversamente proporcional à espessura da camada em análise.

Simbolicamente, pode-se escrever que:

$$\phi = \alpha \cdot A \cdot \Delta I/e$$

A constante de proporcionalidade (α) depende da natureza do material considerado. Pode ser chamada por *índice de transmissão luminosa*.

TESE XXIX

LUMINOSIDADE

1. INTRODUÇÃO

Toda vez que a luz incide sobre uma superfície transparente, pode-se constatar a ocorrência dos seguintes fenômenos:

a)   A luz é parcialmente absorvida,
b)   parcialmente refletida e
c)   parcialmente transmitida.

Portanto, sendo (**I**) a intensidade de luz incidente, (**a**) a parcela absorvida, (**r**) a parcela refletida e (**i**) a parcela transmitida, de tal forma que a totalidade é a soma das partes:

$$I = a + r + i$$

2. DEFINIÇÕES

Para verificar a proporção da luz incidente que sofre absorção, reflexão e transmissão, podem-se definir as seguintes grandezas:

a)   assimilação luminosa,
b)   deflexão luminosa,
c)   condução luminosa.

3. ASSIMILAÇÃO LUMINOSA

A assimilação luminosa é definida como sendo igual ao quociente da parcela luminosa absorvida, inversa pelo valor da intensidade de luz incidente.
Simbolicamente o referido enunciado é expresso por:

$$p = a/I$$

4. DEFLEXÃO LUMINOSA

A deflexão luminosa é definida como sendo igual à relação matemática existente entre a parcela luminosa refletida pela intensidade de luz incidente.
Simbolicamente o referido enunciado é expresso por:

$$m = r/I$$

5. CONDUÇÃO LUMINOSA

A condução luminosa é definida como sendo igual ao quociente da parcela transmitida, inversa pela intensidade de luz incidente.
Simbolicamente o referido enunciado é expresso por:

$$n = i/I$$

6. RELAÇÃO

A soma entre a assimilação, deflexão e condução levam a uma relação básica, conforme apresentada pela seguinte demonstração:

$$a/I + r/I + i/I = p + m + n$$

Portanto:

$$(a + r + i)/I = p + m + n$$

Como:

$$I = a + r + i$$

Resulta que:

$$I/I = p + m + n$$

Logo:

$$p + m + n = 1$$

7. OPACIDADE

Quando não ocorre transmissão de luz, tem-se que ($n = 0$). Nesta situação o meio considerado é denominado opaco. Portanto tem-se que:

$$p + m = 1$$

Nestas condições, a luz é somente absorvida e refletida, não ocorrendo o fenômeno da condução luminosa.

8. TRANSPARÊNCIA

A transparência é uma superfície ideal que transmite toda a luminosidade nele incidente.
Portanto a sua condução apresenta o seguinte valor:

$$n = 1 \ (100\%)$$

9. GRAU LUMINOSO

O grau luminoso é uma grandeza física definida como sendo igual à diferença matemática entre a intensidade luminosa incidente sobre a superfície transparente pela parcela luminosa transmitida, inversa pela intensidade luminosa incidente.
Simbolicamente o referido enunciado é expresso por:

$$G = (I - i)/I$$

Portanto, pode-se escrever que;

$$G = 1 - i/I$$

Entretanto foi demonstrado que a condução luminosa num meio transparente é expressa por:

$$n = i/I$$

Substituindo convenientemente as duas últimas expressões, resulta que:

$$G = 1 - n$$

Logo o grau luminoso é igual à diferença entre o número "um" pelo valor da condução luminosa.

10. FLUXO LUMINOSO

Considere uma superfície localizada numa região onde ocorre a propagação de luz. Desse modo define-se o fluxo luminoso como sendo igual ao quociente da intensidade luminosa, inversa pelo intervalo de tempo.

Simbolicamente o referido enunciado é expresso pela seguinte relação:

$$\phi = I/\Delta t$$

Logo o fluxo luminoso que atravessa uma superfície é a intensidade luminosa transmitida na unidade de tempo.

11. CONCLUSÃO DE FLUXO LUMINOSO

Considere uma superfície transparente e homogênea de área (**A**) e espessura (**e**).

Verifica-se que a intensidade luminosa que atravessa a superfície no intervalo de tempo (fluxo luminoso), depende da área (**A**), espessura (**e**) e da natureza do material que constitui a superfície considerada.

As experiências demonstram que, para um dado material superficial, o fluxo luminoso é tanto maior quanto maior for a área; e, tanto menor quanto maior for a espessura.

Portanto pode-se concluir que: *O fluxo luminoso por condução em um material homogêneo é diretamente proporcional à área da secção transversal atravessada e inversamente proporcional à espessura da camada considerada.*

Simbolicamente o referido enunciado é expresso pela seguinte equação:

$$\phi = k \cdot A/e$$

A constante de proporcionalidade (**k**) depende da natureza do material que constitui a superfície. Ela é denominada por "coeficiente de condução luminosa".

Seu valor é bastante elevado para os bons condutores luminosos, e baixo para os maus condutores luminosos.

TESE XXX

ÓPTICAMETRIA

1. CONVERGÊNCIA E DIVERGÊNCIA

Segundo os conceitos desenvolvidos pelo autor em *Óptica Geométrica*, a convergência e a divergência são conceitos físicos definidos por apenas uma equação estabelecida em 1984.

Tal equação afirma que a condivergência (α) (fusão geral dos conceitos de convergência e divergência) é igual ao quociente da área (A) projetada por um feixe luminoso que atravessa uma lente, sobre um anteparo disposto além da lente, e inversa pela área (A_0) da lente.

Simbolicamente, o referido enunciado é expresso pela seguinte relação:

$$\alpha = A/A_0$$

Considere uma lente convergente de área (A_0), atravessada por um feixe luminoso que projeta uma área (A) de luz sobre um anteparo (F) disposto além da lente.

A experiência mostra que em lentes convergentes, a área (A) do feixe luminoso projetado num anteparo disposto além da lente, é sempre menor que a área (A_0) da lente, por onde atravessa o feixe luminoso. Já em lentes divergentes a área (A) do feixe luminoso, projetado no anteparo disposto além da lente, é sempre maior que a área (A_0) da lente.

Tal resultado implica que no fenômeno de convergência, a condivergência é menor ou igual a um. Simbolicamente, pode-se escrever que:

$$c \Rightarrow \alpha \leq 1$$

No fenômeno de divergência, a condivergência é maior ou igual a um. Simbolicamente, pode-se escrever que:

$$D \Rightarrow \alpha \geq 1$$

Tais resultados caracterizam a chamada referência de condivergência.

2. ÂNGULO DO CONE LUMINOSO

Um feixe luminoso ao atravessar uma lente convergente, forma um cone luminoso.

O ângulo sólido formada pelo cone luminoso é igual à área da superfície da lente, inversa pelo quadrado da distância que separa a lente do foco luminoso formado na extremidade do pico do cone.

Simbolicamente, o referido enunciado é expresso pela seguinte relação:

$$\Omega = A_0/d^2$$

Onde a letra (**A**) representa a área da lente. No caso, a área da lente é circular e, portanto seu valor é igual ao produto existente entre (**π**) pelo quadrado do raio da lente.

Simbolicamente, o referido enunciado é expresso por:

$$A_0 = \pi \cdot r^2$$

Substituindo convenientemente as duas últimas expressões, vem que:

$$\Omega = \pi \cdot r^2/d^2$$

Naturalmente, pode-se escrever que:

$$\sqrt{\Omega/\pi} = \sqrt{r^2/d^2}$$

Logo, resulta que:

$$\sqrt{\Omega/\pi} = r/d$$

Como (**r/d**) é conhecida como claridade (**c**) de uma objetiva pode-se estabelecer que:

$$c = \sqrt{\Omega/\pi}$$

3. VERGÊNCIA FOCAL

A vergência focal de uma lente é, por definição, o inverso de sua distância focal.

Simbolicamente, escreve-se que:

$$V = 1/d$$

Assim, pode-se deduzir a seguinte expressão:

$$V = \sqrt{\Omega} / r \cdot \sqrt{\pi}$$

4. EQUAÇÃO DOS PONTOS CONJUGADOS

A equação dos pontos conjugados (Equação de Gauss) é a equação que relaciona a abscissa do objeto (**p**), a abscissa da imagem (**p'**) e a distância focal da lente (**d**) é representadas simbolicamente por:

$$1/d = 1/p + 1/p'$$

Segundo a dedução apresentada no presente artigo, a equação dos pontos conjugados é expressa simbolicamente pela seguinte relação:

$$r = (p \cdot p' \cdot \sqrt{\Omega})/(p + p') \cdot \sqrt{\pi}$$

Ou seja:

$$r = [(p \cdot p')/(p + p')] \cdot \sqrt{\Omega/\pi}$$

5. FÓRMULA NEWTON-LEANDRO

Tomando as distâncias do objeto e da imagem ao foco principal e designando estas distâncias respectivamente por (**s**) e (**s'**), Newton estabeleceu que:

$$d^2 = s . s'$$

Demonstrei que:

$$d^2 = \pi . r^2/\Omega$$

Substituindo convenientemente as duas últimas expressões, resulta na chamada fórmula de Newton-Leandro:

$$\Omega . s . s' = \pi . r^2 = \Omega . d^2$$

6. FLUXO LUMINOSO

O fluxo luminoso de um feixe de luz é igual ao produto existente entre o iluminamento pela área de superfície.

Simbolicamente, o referido enunciado é expresso por:

$$\phi = i . A_0$$

Considerando o ângulo formado entre a normal, a superfície e o iluminamento; pode-se escrever que:

$$\phi = i \cdot A_0 \cdot \cos\theta$$

Sendo:

$$A_0 = \pi \cdot r^2$$

Vem que:

$$\phi = i \cdot \pi \cdot r^2 \cdot \cos\theta$$

Também, sabendo-se que:

$$A_0 = \Omega \cdot d^2$$

Resulta que:

$$\phi = i \cdot \Omega \cdot d^2 \cdot \cos\theta$$

Sabe-se que:

$$A_0 = \Omega \cdot s \cdot s'$$

Logo, pode-se concluir que:

$$\phi = i \cdot \Omega \cdot s \cdot s' \cdot \cos\theta$$

Sabendo-se que a intensidade luminosa de uma fonte é expressa por:

$$I = \phi/\Omega$$

Logo, pode-se escrever que:

$$I . \Omega = i . \Omega . s . s' . \cos\theta$$

Eliminando os termos em evidência, vem que:

$$I = i . s . s' . \cos\theta$$

Também, sabe-se que:

$$i = I/d^2$$

Logo, pode-se concluir que:

$$\phi = I . \Omega . d^2 . \cos\theta/d^2$$

Eliminando os termos em evidência, vem que:

$$\phi = I . \Omega . \cos\theta$$

7. VAZÃO DE INTENSIDADE LUMINOSA

A vazão de intensidade luminosa é constituída pelos raios de luz que atravessam uma superfície. É evidente que uma superfície qualquer pode ser atravessada por um número infinito de raios de luz.

Convencionando-se que, se a superfície considerada for normal aos raios de luz, a vazão será igual ao produto existente entre a intensidade luminosa (**I**), no ponto considerado, pela área (A_0) da superfície atravessada.

$$\varphi = I \cdot A_0$$

Num feixe de intensidade igual à um, cada centímetro quadrado será atravessado por um único raio de luz; ou seja, a vazão será também igual à unidade. Entretanto, se os raios de luz não forem normais à superfície considerada, tal vazão será obtida multiplicando a superfície pela intensidade luminosa e pelo co-seno do ângulo (θ), formado por esta com a normal à superfície.

Simbolicamente, pode-se escrever que:

$$\varphi = I \cdot A_0 \cdot \cos\theta$$

Um feixe de raios luminosos que atravessam uma lente convergente, apresenta um ângulo sólido expresso por:

$$\Omega = A_0/d^2$$

Substituindo convenientemente as duas últimas expressões, pode-se escrever que:

$$\varphi = I \cdot \Omega \cdot d^2 \cdot \cos\theta$$

Também se sabe que:

$$A_0 = \pi \cdot r^2$$

Logo, pode-se concluir que:

$$\varphi = \pi \cdot I \cdot r^2 \cdot \cos\theta$$

A vergência focal é expressa por:

$$V = 1/d$$

Logo, pode-se escrever que:

$$d^2 = 1/V^2$$

Portanto, vem que:

$$\varphi = I \cdot \Omega \cdot \cos\theta/V^2$$

A formula de Newton permite escrever que:

$$d^2 = s \cdot s'$$

Logo, pode-se estabelecer que:

$$\varphi = I \cdot \Omega \cdot s \cdot s' \cdot \cos\theta$$

TESE XXXI

ÍNDICE E NÍVEL DE FREQÜÊNCIA

1. INTRODUÇÃO

O efeito Doppler é caracterizado pelo movimento relativo existente entre a fonte sonora e o observador ou de ambos. Quando isto ocorre a freqüência do som percebido por um observador é diferente da sua freqüência real.

2. ÍNDICE DE FREQÜÊNCIA

O índice de freqüência é definido como sendo igual à relação matemática entre a freqüência real de um som, pela freqüência aparente. Simbolicamente o refcrido enunciado é expresso pela seguinte expressão:

$$I = f_0/f$$

Se a fonte e o observador estiverem em repouso, isto significa que se pode escrever o seguinte: ($f_0 = f$). Nestas circunstancias o índice de freqüência apresenta o seguinte valor:

$$I = 1 \ (100\%)$$

3. NÍVEL DE FREQÜÊNCIA

O nível de freqüência é uma grandeza física definida como sendo igual à diferença matemática entre a freqüência aparente pela freqüência real, inversa pelo valor da freqüência aparente.

Simbolicamente o referido enunciado é expresso pela seguinte equação:

$$n = f - f_0/f$$

4. CLASSIFICAÇÃO DO SOM

Pela última expressão pode-se concluir que, quando ocorre entre o observador e a fonte sonora uma aproximação, então:

$$f > f_0$$

Nesta situação o som percebido é mais agudo que o som emitido, pois:

$$n > 0$$

Quando ocorre entre o observador e a fonte sonora um afastamento, tem-se que;

$$f < f_0$$

Isto implica que o som captado pelo observador é mais grave que o som emitido, pois:

n < 0

Portanto o sinal algébrico do nível de freqüência informa se existe uma aproximação ou um afastamento entre a fonte e o observador.

Também se pode afirmar que em relação à freqüência real, o som é agudo quando o nível de freqüência for maior que zero; e, grave quando for menor que zero.

5. RELAÇÃO

A relação existente entre o nível de freqüência e o índice de freqüência é demonstrada da seguinte forma:

Sabe-se que:

$$n = f - f_0/f$$

Que resulta na seguinte expressão:

$$n = 1 - f_0/f$$

Também se sabe que:

$$I = f_0/f$$

Substituindo convenientemente as duas últimas expressões, resulta que:

$$n = 1 - I$$

Portanto, o nível de freqüência é igual ao valor numérico "um", menos o índice de freqüência.

BIBLIOGRAFIA

ALONSO, Marcelo e FINN, Edward J. *Física: um curso universitário*. Tradução de Mário A. Guimarães, Darwin Bassi, Mituo Uehara e Alvimar A. Bernardes. 2ª edição. São Paulo: Edgard Blücher, 1977.

EISBERG, Robert e RESNICK, Robert. *Física quântica: átomos, moléculas, sólidos, núcleos e partículas*. Tradução de Paulo Costa Ribeiro, Enio Frota da Silveira e Marta Feijó Barroso. Rio de Janeiro: Campus, 1979.

FERREIRA, Luiz Carlos. *Estudos dirigido de Física*. 2ª edição. São Paulo: Companhia Editora Nacional, 1975.

GONÇALVES, Dalton. *Física do Científico e do Vestibular*. 7ª edição. Rio de Janeiro: Ao Livro Técnico, 1970.

JUNIOR, Francisco Ramalho, SANTOS, José Ivan Cardoso dos, FERRARO, Nicolau Gilberto e SOARES, Paulo Antônio de Toledo. *Os Fundamentos da Física*. 1ª edição. São Paulo: Moderna, 1976.

MASTERTON, William L. e SLOWINSKI, Emil J. *Química geral superior*. Tradução de Domingos Cachineiro Dias Neto e Antonio Fernando Rodrigues. 4ª edição. Rio de Janeiro: Interamericana, 1978.

RESNICK, Robert e HALLIDAY, David. *Física*. Tradução de Antonio Máximo R. Luz, Beatriz Alvarenga Alvarez, Jésus de Oliveira e Márcio Quintão Moreno. 2ª edição. Rio de Janeiro: Livros Técnicos e Científicos, 1979.

TIPLER, Paul A. *Física*. Tradução de Horácio Macedo. Rio de Janeiro: Guanabara Dois, 1978.

www.ingramcontent.com/pod-product-compliance
Lightning Source LLC
Chambersburg PA
CBHW072131170526
45158CB00004BA/1323